# 微机原理与接口技术
# 实验教程

主编　黄海萍

编著　黄海萍　高海英　姚荣彬

国防工业出版社

·北京·

# 内 容 简 介

　　本书是根据教学大纲对"微机原理与接口技术"课程的教学要求,结合教学内容编写而成。全书包括实验基础知识、实验设备、汇编语言实验、硬件接口实验等内容,实验内容与理论教学内容紧密结合,在接口及应用方面有较大的扩展。为了方便学生学习,部分实验备有演示步骤及参考程序,对接口实验需要的有关理论知识进行了必要的说明。

　　全书分为上、下两篇:上篇为"汇编语言程序设计实验",安排了 8 个验证性实验和 13 个设计性实验;下篇为"微机接口技术实验",安排了 11 个验证性实验、8 个设计性实验及 5 个综合设计性实验,下篇侧重于应用,详细介绍了各类接口电路的设计和使用方法。

　　本书可作为本科院校工科类专业实验教材,也可作为工程应用人员的设计参考书。

**图书在版编目(CIP)数据**

微机原理与接口技术实验教程/黄海萍,高海英,姚荣彬
编著.—北京:国防工业出版社,2017.2 重印
ISBN 978 - 7 - 118 - 08577 - 8

Ⅰ.①微...　　Ⅱ.①黄...②高...③姚...　　Ⅲ.①微型
计算机 - 理论 - 教材②微型计算机 - 接口技术 - 教材
Ⅳ.①TP36

中国版本图书馆 CIP 数据核字(2013)第 029007 号

※

国防工业出版社出版发行

(北京市海淀区紫竹院南路 23 号　邮政编码 100048)
三河腾飞印务有限公司印刷
新华书店经售

*

开本 787 × 1092　1/16　印张 9¾　字数 222 千字
2017 年 2 月第 1 版第 2 次印刷　印数 4001—6000 册　定价 23.00 元

**(本书如有印装错误,我社负责调换)**

国防书店:(010)88540777　　　　发行邮购:(010)88540776
发行传真:(010)88540755　　　　发行业务:(010)88540717

# 前　言

"微机原理与接口技术"是一门实践性、工程性很强的专业技术基础课程,实验环节是教学过程的重要组成部分,应给予高度的重视。通过上机实践,可以加深对理论知识的理解,从而提高分析问题、解决问题能力。为了帮助学生深入理解汇编语言的编程方法以及微机原理和接口的专业知识,我们编写了本实验教程,作为"微机原理与接口技术"相应课程的配套实验教材,以便学生从理论和实践两方面的学习中掌握微机的基本组成、接口电路原理,达到进行软件、硬件设计开发的基本技能。本着由浅入深的教学思路,把实验内容分为 3 类,即验证性实验、设计性实验和综合设计性实验,以适应不同层次读者的需求。

本书分为上、下两篇。上篇为"汇编语言程序设计实验",全面介绍了汇编语言程序设计的实验环境和调试步骤,由浅入深地引入了汇编语言程序设计中的各类典型问题。下篇为"微机接口技术实验",基于清华大学科教仪器厂生产的 TPC – ZK 微机实验系统平台编写,其中:验证性实验主要是让学生对实验项目有一个感性认识,了解各接口芯片的使用方法;设计性实验主要是培养学生的编程能力和对接口芯片的应用技能;综合设计性实验则培养学生熟练掌握各种接口芯片综合运用的能力。

本书由桂林电子科技大学黄海萍主编并统稿,参加编写的还有高海英、姚荣彬。全书由郭庆教授主审,唐宁副教授对本书提出了宝贵意见和建议,同时也得到了清华大学科教仪器厂的大力支持和帮助,在此表示由衷的感谢。

由于编者水平有限,书中或有不妥之处,恳请读者批评指正。

编　者

2012 年 11 月 30 日

# 目　录

## 上篇　汇编语言程序设计实验

# 下篇　微机接口技术实验

# 上篇　汇编语言程序设计实验

# 第1章　实验预备知识

## 1.1　汇编语言程序设计流程

汇编语言程序设计一般包括以下几个步骤：分析问题，画出流程图；编写源代码；汇编、链接与运行；调试等。整个流程如图 1-1 所示。

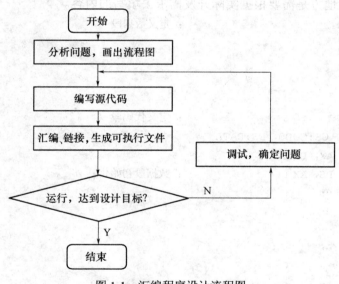

图 1-1　汇编程序设计流程图

(1) 分析问题，画出程序流程图。

① 任务分析，确定算法。算法是指解决问题的方法和步骤。比如现有的一些计算方法和日常生活中解决问题的逻辑推理方法等。

② 画出描述算法的流程图，使得动手编写程序时的思路更加清晰。

(2) 编写源代码。使用文本编辑软件编辑汇编语言源程序，得到一个扩展名为".ASM"的源程序文件。

(3) 汇编、链接。汇编是把汇编语言源代码文件转化为机器能识别的二进制目标文件。目标文件默认的后缀是".OBJ"。常见的汇编器有微软的 MASM 和 Borland 公司的 TASM。

链接是把汇编生成的二进制目标文件转换为可执行文件。

汇编生成的二进制目标文件,各个段是相互独立的,每个段的起始地址都被设置为 0,链接器的作用就是把些段组合起来,分配到一个统一的空间,并对代码中调用的库函数进行处理,最终生成一个可执行的文件(.EXE)。

(4) 运行。对可执行文件进行各种方法的执行,可随时了解中间结果,以及程序执行流程情况。

(5) 调试。调试可以单步或设置断点执行程序,到断点处,查看寄存器与内存的内容。调试是程序开发的重要组成部分,当程序在设计中存在逻辑错误或缺陷时,通过调试,能快速定位问题。

## 1.2　汇编程序的代码框架

一个完整的汇编程序代码包括代码段(CODE)、数据段(DATA)、堆栈段和附加数据段。但是在很多情况下并不需要在程序中添加所有的段,下面给出汇编程序的代码框架。代码中,省略号的地方是需要根据实际开发需求去填写的内容。

```
DATA      SEGMENT                        ; 定义数据段
...       ...
...       ...
DATA      ENDS


CODE      SEGMENT                        ; 定义代码段
          ASSUME  CS:CODE, DS:DATA
START:    MOV     AX, DATA
          MOV     DS, AX                 ; 数据段初始化
          ...     ...
          ...     ...
          ...     ...
          ...     ...


          MOV     AH, 4CH                ; 返回DOS
          INT     21H
CODE      ENDS                           ; 代码段结束
          END     START                  ; 程序结束
```

代码框架中有两个段,分别是代码段和数据段。代码段用于存放设计的程序指令,数据段用来存放常量或变量数据。

代码段是程序的主体,不可或缺。在代码中必须使用 ASSUME 伪指令把代码段的首地址关联到 CS 寄存器,数据段关联到 DS 寄存器。但是程序运行的时候,CS 寄存器会自动加载代码段地址的值,而 DS 寄存器则不会,所以在程序开始时,需要手动地把数据段的首地址保存到 DS。

2

# 1.3 汇编语言程序的汇编、链接与运行

MASM 5.0 是微软开发的汇编链接软件，它使用简单，与 Windows 磨合程度好，是学习 8086 汇编语言的入门工具。下面通过一个简单的"Hello World!"程序来学习 MASM 5.0 汇编链接工具的使用方法。

## 1. 建立 ASM 文件

在 DOS 系统环境下，使用 EDIT 等文本编辑软件，编辑源程序，保存为 ASM 文件。新建一个文件，命名新文件名。输入以下代码，如保存为 SY1.ASM。

```
DATA    SEGMENT                          ; 定义数据段
STR     DB"Hello World!",  0DH,  0AH,  '$'   ; 定义输出字符串
DATA    ENDS

CODE    SEGMENT                          ; 定义代码段
        ASSUME CS:CODE,  DS:DATA         ; 段分配
START:  MOV  AX, DATA
        MOV  DS, AX                      ; 数据段初始化

        LEA  DX, STR                     ; 9号DOS功能调用输出字符串
        MOV  AH, 09H
        INT  21H

        MOV  AH, 4CH                     ; 返回DOS
        INT  21H
CODE    ENDS                             ; 代码段结束
        END  START                       ; 程序结束
```

往代码框架添加的内容

## 2. 用汇编程序 MASM 产生目标文件(.OBJ)

运行命令"masm  SY1.ASM"，则会对 SY1.ASM 进行汇编，如图 1-2 所示。

使用 MASM 汇编时，可以指定生成的二进制目标文件(Object filename)、源代码清单列表文件和交叉引用文件。设置方法如下：

"Object filename [SY1.OBJ]:"提示时，可以输入指定的输出二进制目标文件的文件名，若不输入直接回车，则汇编器默认文件名为 SY1.OBJ。

"Source listing [NUL.LST]:"，指定汇编的代码清单文件。输入一个文件名，汇编器会把代码的统计信息输出到该文件，若没有输入直接回车，则默认不输出这些信息。

"Cross-reference [NUL.CRF]:"，指定交叉引用文件。输入一个文件名，汇编器会把代码的交叉引用信息输出到该文件，若没有输入直接回车，则默认不输出这些信息。

当汇编源代码没有语法错误时，汇编器生成目标文件。否则，MASM 汇编器会把错误的详细信息列出来，如图 1-3 所示。若汇编指示出错，则需要重新调用 EDIT 编辑器修改错误，直到编译通过为止。

3

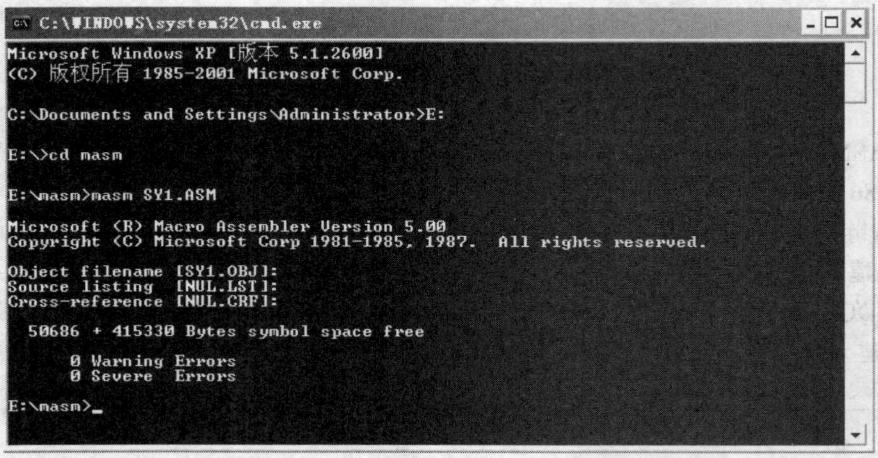

图 1-2　MASM 编译图示

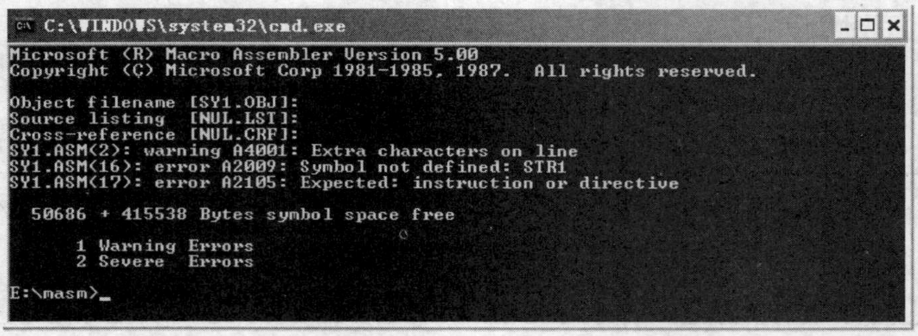

图 1-3　MASM 汇编错误提示

### 3. 用链接程序 LINK 产生可执行文件(.EXE)

汇编生成的二进制目标文件(.OBJ)还不能运行，需要进行链接，生成最终的可执行文件。链接器的使用方法是在命令行窗口输入"link 目标文件名"。例如在汇编中生成的目标文件是 SY1.OBJ，运行"link　SY1.OBJ"得到如图 1-4 所示的结果。

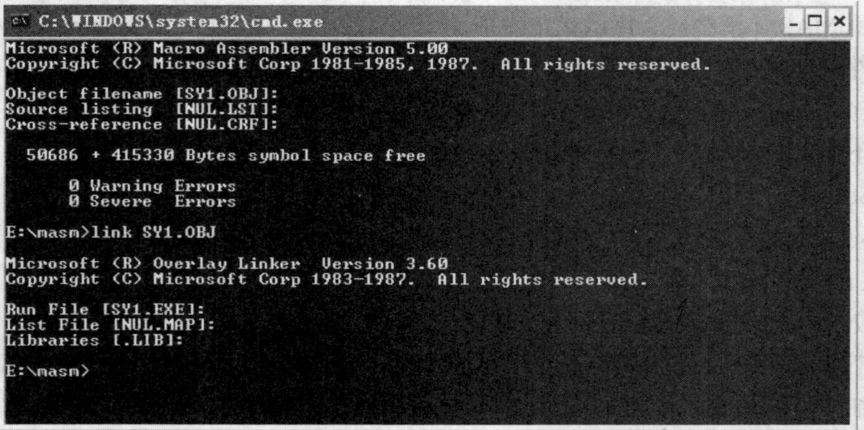

图 1-4　LINK 链接图示

"Run File [SY1.EXE]:"，输入指定的文件名，链接成功则会生成指定的可执行文件，否则直接回车，则链接器使用默认文件名：SY1.EXE。

链接没有错误，会生成相应的可执行文件，否则会输出详细的错误信息，根据这些信息修改其错误，再重新汇编、链接。

**4．运行可执行文件**

在命令行窗口，输入可执行文件的文件名，然后回车，如图 1-5 所示。

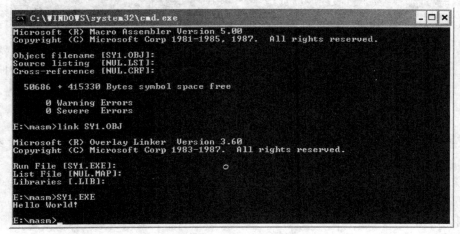

图 1-5 程序运行界面

# 1.4 DEBUG 调试方法

DEBUG 是一个 DOS 实用工具软件，在 DEBUG 环境下，用单步、设置断点等方式调试经汇编、链接生成的可执行文件，检查、修改内存和寄存器的内容等。

**1．DEBUG 程序的调用**

在"MS-DOS"环境下，输入命令：

E：>DEBUG 文件名.EXE

其中文件名是被调试文件的名字，它须是执行文件(EXE)，在 DEBUG 程序调入后出现提示符"-"，此时，可输入所需的 DEBUG 命令。

进入 DEBUG 调试之后，输入"？"并回车，则 DEBUG 会列出所有的命令，如图 1-6 所示。

**2．DEBUG 的主要命令**

(1) 显示内存单元内容的命令 D，格式为：

    -D[地址]或

    -D[范围]

(2) 修改内存单元内容的命令 E，它有两种格式：

① 用给定的内容代替指定范围的单元内容：

    -E 地址 内容表

例如：-E DS：100 F3 "XYZ" 8D

5

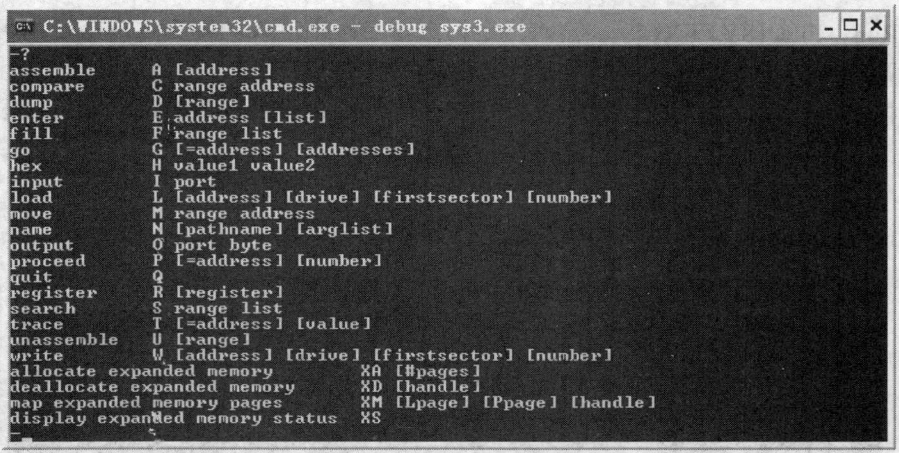

图 1-6　DEBUG 命令列表

其中 F3，"X"，"Y"，"Z"，8D 各占一个字节，用这 5 个字节代替原内存单元 DS：100 到 104 的内容，"X"，"Y"，"Z" 将分别按它们的 ASCII 码值代入。

② 逐个单元相继的修改：

　　-E 地址

例如：

-E 100：

18E4：0100　　89. 78

此命令是将原 100 号单元的内容 89 改为 78，78 是程序员输入的。

(3) 检查和修改寄存器内容的命令 R，它有三种方式：

① 显示 CPU 内部所有寄存器内容和标志位状态，格式为：

　　-R

R 命令显示中标志状态位的含义如表 1-1 所列。

表 1-1　R 命令显示中标志状态位的含义

| 标 志 名 | 置位 | 复位 |
|---|---|---|
| 溢出 Overflow (是/否) | OV | NV |
| 方向 Direction(减量/增量) | DN | UP |
| 中断 Interrupt (允许/屏蔽) | EI | DI |
| 符号 Sign(负/正) | NG | PL |
| 零 Zero (是/否) | ZR | NZ |
| 辅助进位 Auxiliary Carry(是/否) | AC | NA |
| 奇偶 Parity(偶/奇) | PE | PO |
| 进位 Carry(是/否) | CY | NC |

② 显示和修改某个指定寄存器的内容，格式为：

　　-R 寄存器名

6

例如输入：-R  AX

系统将响应如下：

```
AX  F1F4
   :
```

表示 AX 当前内容为 F1F4，此时若不对其作修改，可回车，否则，输入修改后内容，例如：

```
-R  BX
BX 0369
  : 059F
```

则 BX 的内容由 0369 改为 059F。

③ 显示和修改标志位状态，命令格式为：

　　　-RF

系统将给出响应，例如：

```
OV DN EI NG ZR AC PE CY-
```

这时若不做修改可回车，否则在"-"号之后输入修改值，输入顺序任意，如：

```
OV DN EI NG ZR AC PE CY -PONZDINV
```

(4) 运行命令 G，格式为：

-G[=地址 1][地址 2[地址 3…]]

其中地址 1 规定了运行起始地址，后面的若干地址均为断点地址。

(5) 追踪命令 T，有两种格式：

① 逐条指令追踪：

　　　-T[=地址]

该命令从指定地址起执行一条指令后停下来，显示寄存器内容和状态值。

② 多条指令追踪：

　　　-T[=地址] [值]

该命令从指定地址起执行 n 条命令后停下来，n 由[值]确定。

(6) 汇编命令 A，格式为：

　　　-A[地址]

该命令从指定地址开始允许输入汇编语句，把它们汇编成机器代码相继存放在从指定地址开始的存储器中。

(7) 反汇编命令 U，有两种格式：

① -U[地址]

该命令从指定地址开始，反汇编 32 个字节，若地址省略，则从上一个 U 命令的最后一条指令的下一单元开始显示 32 个字节。

② -U 范围

该命令对指定范围的内存单元进行反汇编，例如：

```
-U 04BA：0100 0108 或
-U 04BA：0100 L9
```

这两个命令是等效的。

7

(8) 命名命令 N，格式为：

    -N 文件标识符 [文件标识符]

此命令将两个文件标识符格式化在 CS：5CH 和 CS：6CH 的两个文件控制内，以便使用 L 或 W 命令把文件装入或者存盘。

(9) 装入命令 L，它有两种功能：

① 把磁盘上指定扇区的内容装入到内存指定地址起始的单元中，格式为：

    -L 地址 驱动器 扇区号 扇区数

② 装入指定文件，格式为：

    -L [地址]

此命令装入已在 CS：5CH 中格式化的文件控制块所指定的文件。在用 L 命令前，BX 和 CX 中应包含所读文件的字节数。

(10) 写命令 W，有两种格式：

① 把数据写入磁盘的指定扇区：

    -W 地址 驱动器 扇区号 扇区数

② 把数据写入指定文件中：

    -W [地址]

此命令把指定内存区域中的数据写入由 CS：5CH 处的 FCB 所规定的文件中。在用 W 命令前，BX 和 CX 中应包含要写入文件的字节数。

(11) 退出 DEBUG 命令 Q，该命令格式为：

    -Q

退出 DEBUG 程序，返回 DOS，该命令本身并不把在内存中的文件存盘，如需存盘，应在执行 Q 命令前先执行写命令 W。

# 1.5 HQFC 集成开发环境

HQFC 集成开发环境是集成编辑、编译和调试于一体的汇编语言开发环境。它集成了 Borland 公司的 TASM 汇编器和 TLINK 链接器，可以方便地对汇编源文件进行编译与链接。它支持图形界面的调试模式，提供单步调试、断点、寄存器查看与内存数据查看等功能。

运行程序"HQFC 集成开发环境/HQFC"，软件界面如图 1-7 所示。

HQFC 集成开发环境运行时会自动检测所安装的接口(包括 PCI 微机接口、USB 微机接口、EM386 嵌入微机接口)，如果检测到硬件，则显示为绿色，否则为红色。需要根据各自的实验箱的接口类型选择不同的入口。如使用 USB 接口，点击 USB 接口进入 USB 微机接口开发环境，如图 1-8 所示。如只是使用汇编编译环境，没有实验箱硬件资源，也可以在不连接实验箱的情况下直接点击 USB 接口进入。进入后软件如图 1-8 所示。

在打开开发环境的过程中，如果需要改变目标实验箱接口，可以选择菜单栏中的"硬件检测→查找并选择接口设备"命令，重新进行选择。查找界面如图 1-9 所示。

图 1-7　HQFC 集成开发环境打开界面

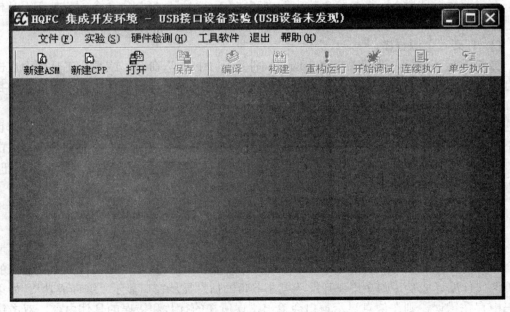

图 1-8　HQFC 集成开发环境运行界面

图 1-9　重新选择设备接口图

### 1．汇编源文件的编辑

HQFC 集成开发环境提供一个带有汇编代码高亮的编辑器，它支持复制、粘贴、剪切、查找和替换等功能。

(1) 新建一个汇编源文件：

在当前运行环境下，选择菜单栏中的"文件"→"新建 ASM"命令，或是在工具栏中点击"新建 ASM"快捷按钮，会出现源程序编辑窗口。

(2) 打开一个源程序：

当前运行环境下，选择菜单栏中的"文件"→"打开"命令，或是在工具栏中点击"打开"按钮，会弹出"打开"文件选择窗口，通过文件选择窗口直接打开所需要的目标文件，如图 1-10 所示。

在窗口中"文件类型"下拉菜单中选择"ASM 文档"(*.ASM)，程序即显示当前目录下所有的 ASM 文档，点击要选择的文件，选中的文件名会显示在"文件名"中，点击"打开"按钮，则打开当前选中的文档并将其显示在文档显示区域。点击"取消"，按钮，则取消打开源文件操作。

### 2．汇编源文件的编译与运行

1) 编译(编译，F6)

在当前运行环境下，选择菜单栏中的"ASM 文件编译"→"编译"命令，集成环境则会对当前打开的 ASM 汇编源文件进行编译，生成相应的 OBJ 目标文件。如果输入的汇编源文件编译成功，则在集成开发环境左下角的信息显示窗口显示"编译成功"。如果代码中存在错误，则在信息显示窗口会输出错误所在的行数和错误的具体内容，双击错误内容，开发环境会自动定位到错误所在的行，如图 1-11 所示。根据这些信息提示，把所有的错误改正过来，重新编译生成目标文件。

10

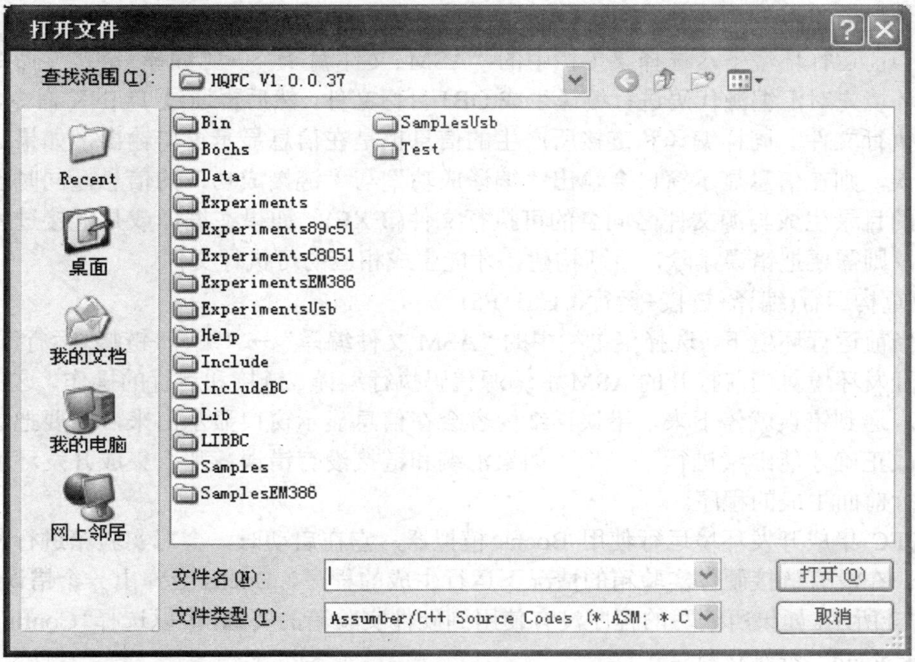

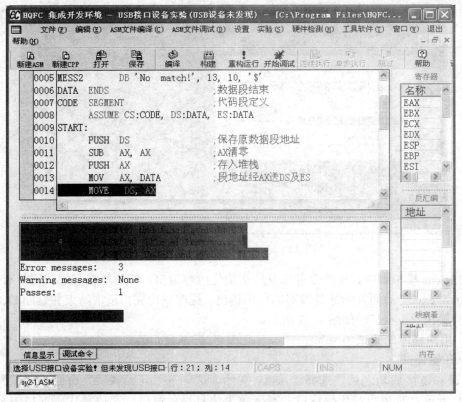

图 1-10 打开一个 ASM 源文件

图 1-11 编译错误信息提示

2) 构建(编译+链接，F7)

在当前运行环境下，选择菜单栏中的"ASM 文件编译"→"编译+链接"命令，集成开发环境先对汇编源代码进行编译生成 OBJ 目标文件，然后再通过 TLINK 命令，链接生成可执行文件。同样编译和链接所产生的信息也是在信息显示窗口输出，如果这两步都无错误，则在信息显示窗口会输出"编译成功"与"链接成功"的信息，同时也会在源代码的目录生成与源文件名同名的可执行文件(.EXE)，如果在编译或是链接过程中出现错误，则需要把错误排除，重新构建，才能生成相应的可执行文件。

3) 重构运行(编译+链接+运行，Ctrl+F5)

在当前运行环境下，选择菜单栏中的"ASM 文件编译"→"编译+链接+运行"命令，则集成开发环境对当前打开的 ASM 汇编源代码执行编译、链接和运行的操作。这三步顺序执行，遇到错误就停下来，错误详细内容会在信息显示窗口显示出来，需要把这些错误都修改正确才能继续进行下一步。如果汇编和链接没有错误，那么集成开发环境就在最后执行前面生成的程序。

HQFC 集成开发环境运行使用 Bochs 模拟器，它在启动时，会对实验箱进行相应的初始化。在没有链接硬件实验箱的情况下运行生成的程序，Bochs 会弹出一个错误提示，如图 1-12 所示。如果所编写的程序没有使用到硬件实验箱的资源，可以选择"Continue and don't ask again"继续运行。

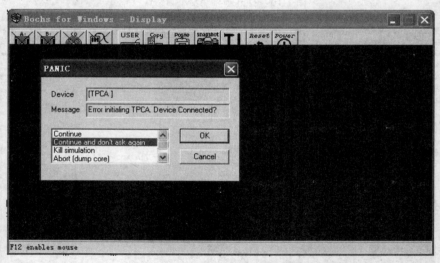

图 1-12  未连接实验箱运行时提示

在 Bochs 模拟器中，前面会有部分的初始化内容输出，这与所编写的代码没有关系，从"load & exec"后面开始才是编写的代码输出。程序输出完，正常结束并返回 DOS 时，Bochs 会输出"done!"，如图 1-13 所示。

3．用户程序的调试

1) 开始调试

编译和链接成功之后，选择"ASM 文件调试"→"开始调试"命令，调试界面如图 1-14 所示。左边为源代码窗口，左下角为信息显示窗口。左边源代码窗口中，黄色

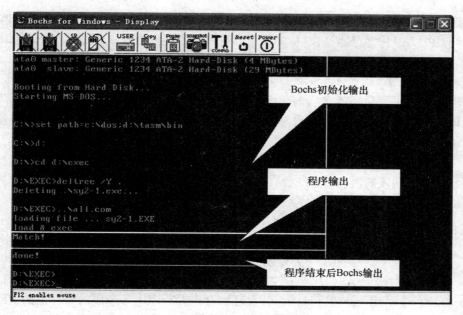

图 1-13  程序运行界面

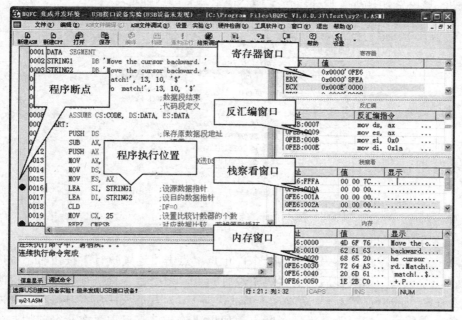

图 1-14  HQFC 集成开发环境调试界面

高亮显示的代码行，为当前程序运行的位置，在代码行号左边的红褐色的点是断点，当在调试中点击"连续执行"按钮时，程序会一直运行，直至遇到断点才会停下来。右边四个窗口从上到下依次为寄存器窗口、反汇编窗口、栈察看窗口和内存窗口。

2) 寄存器窗口

在当前运行环境下，寄存器窗口中显示主要的寄存器名称及其在当前程序中的对应的十六进制值，若值为红色，则表示该寄存器的值发生了改变。由于 Bochs 模拟器是 32 位的 X86 CPU，因此寄存器是 32 位的数值。如需要读取寄存器 BX 的值，则只需取 EBX 的低 16 位即可，例如从图 1-14 中可以看出 BX 寄存器的值为 8FEAH。

3) 反汇编窗口

反汇编窗口里面显示的是当前程序反汇编的指令。左边列表示地址，右边列为对应的反汇编语句。其中地址行中冒号左边为代码段地址，冒号右边为偏移地址。黄色高亮的行表示程序当前运行的位置。

4) 栈察看窗口

显示程序堆栈段的内容。系统会自动找到寄存器 SS 里面的值，并以这个值作为堆栈段的地址，从偏移位置 0 处开始显示栈的内容。

5) 内存窗口

查看程序内存中的数据，包括代码段(CS)、堆栈段(SS)、数据段(DS)和附加数据段(ES)的内容。内存窗口中，中间那一列显示的是内存空间的数据，它以十六进制显示，而最右边那一列是其对应的 ASCII 码 。需要查看不同段的内容时，右键点击内存窗口，如图 1-15 所示，选择某一个段区域的，开发环境会根据程序中各个段的寄存器的值跳转到相应的位置。如果知道数据在内存中的地址或是需要查看指定内存的内容，也可以选择菜单中的"修改起始地址"命令，手动输入需要查看的内存地址。

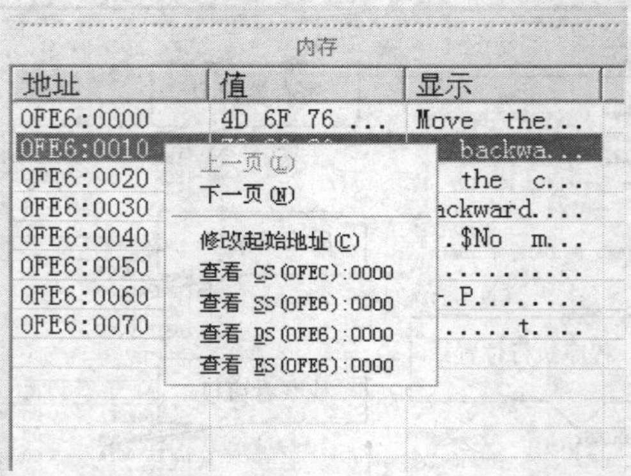

图 1-15 右键点击内存窗口

6) 设置/清除断点

断点是在调试过程中人为设置的一个停止点。点击"连续执行"按钮时，程序会从当前位置开始执行，如果在后面的代码中没有断点，程序会一直执行到结束；有断点，则程序会在断点的位置停下来。在 ASM 调试状态下，对程序代码所在某一行前最左边的灰色列条点击鼠标，即对此行设置了断点，如果清除断点，只需再在此行前的灰色列条上的断点点击鼠标，此断点标记将被清除。

7) 连续执行

在 ASM 的调试状态下，选择"ASM 文件调试"→"连续执行"命令或按 F5 键，则程序连续运行，直至遇到断点或程序运行结束。

8) 单步执行

在 ASM 的调试状态下，选择"ASM 文件调试"→"单步执行"命令或按 F11 键，则程序往后运行一条语句。若在中断或是调用子程序的代码单步调试，则会进入到中断或子程序里执行。

9) 跳过

在 ASM 的调试状态下，选择 "ASM 文件调试" → "跳过" 命令或按 Ctrl+F11 键，则程序会执行当前的语句。若在中断或是调用子程序的代码使用 "跳过" 执行，则会执行完整中断或子程序。

10) 退出调试

在 ASM 的调试状态下，选择 "ASM 文件调试" → "结束调试" 命令或按 F8 键，程序则退出 ASM 的调试状态。

## 1.6 常用 DOS 功能调用

(1) 字符输入，01H 号系统功能调用。

```
MOV AH，01H
INT 21H
```

返回参数：AL=输入的字符

(2) 字符串输入，0A 号系统功能调用。

数据段中：定义缓冲区

```
BUF DB 30              ;定义可接收的最大字符数
    DB ?               ;实际输入的字符数
    DB 30 DUP（？）     ;输入的字符放在此区域中
```

程序段中：

```
MOV DX，OFFSET BUF(或 LEA DX，BUF)
MOV AH，0AH
INT 21H
```

输入的字符串以回车结束，回车的 ASCII 码值 0DH 也保存到定义的数据缓冲区，但不计入实际输入长度。数据段中输入前与输入后的对比如图 1-16 所示。

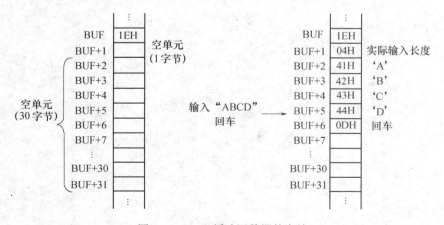

图 1-16 BUF 缓冲区数据的存放

(3) 字符输出，02H 号系统功能调用。

```
MOV  AH，02H
MOV  DL，'A'
INT  21H                              ；输出 A 字符
```

调用参数：DL=输出字符的 ASCII 码

(4) 字符串输出，09H 号系统功能调用。

数据段中：

```
MESSAGE DB  'Please  input  ?'，0DH，0AH，  '$'
```

程序段中：

```
MOV  DX，OFFSET  MESSAGE  ；或 LEA  DX，MESSAGE
MOV  AH，09H
INT  21H
```

调用参数：DS：DX=串首地址，'$'为结束符

(5) 返回 DOS。

```
MOV  AH，4CH
INT  21H
```

入口：AH=4CH

调用参数：AL=返回码

(6) 读取键盘按键状态。

```
MOV  AH，01H
INT  16H
```

入口：AH=01H

标志位 ZF=1，表示无按键按下，否则 AH=键盘的扫描码，AL=按键对应的 ASCII 码。

# 第 2 章　汇编语言验证性实验

## 实验 2.1　汇编语言程序上机操作及调试训练

### 一、实验目的

(1) 熟悉 HQFC 集成开发环境，掌握汇编语言程序的编写、调试和运行的方法。
(2) 学习汇编语言程序设计的基本方法和技能。

### 二、实验设备

微型计算机 1 台。

### 三、实验内容

编写程序，比较两个长度相同的字符串 STRING1 和 STRING2 所含的字符是否相同，若字符串相同则显示"Match！"，否则显示"No　match！"。

### 四、实验步骤及调试

#### 1. 建立 ASM 文件

在 HQFC 集成开发环境下，选择菜单栏中的"文件"→"新建 ASM"命令，进入源程序编辑窗口，选择"另存为"命令保存文件，屏幕如图 2-1 所示。

```
DATA      SEGMENT                                  ; 数据段定义
STRING1 DB      'HAPPY ASM'
LEN       EQU    $-STRING1                          ; 定义字符串长度
STRING2 DB      'HAPPY ASM'
MSG1      DB     'Match!', 0DH, 0AH, '$'
MSG2      DB     'No match!', 0DH, 0AH, '$'
DATA      ENDS                                      ; 数据段结束
CODE      SEGMENT                                   ; 代码段定义
          ASSUME CS:CODE, DS:DATA, ES:DATA
START:  MOV    AX, DATA                            ; 数据段地址经AX送DS及ES
          MOV    DS, AX
          MOV    ES, AX
          LEA    SI, STRING1                        ; 字符串1数据指针
          LEA    DI, STRING2                        ; 字符串2数据指针
```

17

```
          MOV     CX, LEN                      ; CX为比较字符的个数
COMPARE:MOV     AL, [SI]                     ; 取字符串1的一个字符到AL
          MOV     BL, [DI]                     ; 取字符串2的一个字符到BL
          CMP     AL, BL                       ; 比较AL和BL中的数据
          JNE     DISMATCH                     ; 不相等则退出循环
          INC     SI
          INC     DI
LOOP    COMPARE                              ; CX<=CX-1，若CX≠0，则继续循环
MATCH:  LEA     DX, MSG1                     ; 显示'Match'
          JMP     DISP
DISMATCH:LEA    DX, MSG2                     ; 显示'No match'
DISP:    MOV     AH, 09H
          INT     21H
          MOV     AH, 4CH                      ; 返回DOS
          INT     21H
CODE    ENDS                                 ; 代码段结束
          END     START                        ; 全部结束
```

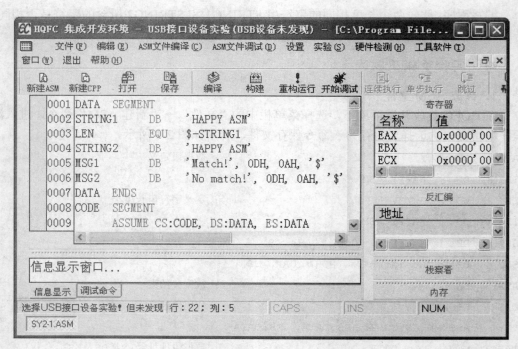

图 2-1　HQFC 集成开发环境界面

## 2. 编译、链接与运行

选择菜单栏中的"ASM 文件编译"→"编译+链接+运行"命令，则 HQFC 集成开发环境对当前的源代码执行编译、链接和运行操作。这三步是顺序执行，遇到错误就停下

18

来，错误详细内容在信息显示窗口显示，如图 2-2 所示。把错误修改正确才能继续执行下一步。

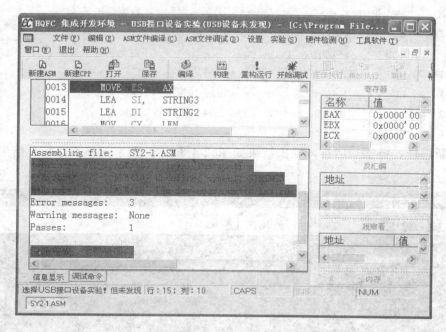

图 2-2　HQFC 集成环境编译失败窗口提示

汇编和链接没有错误，则生成可执行文件(.EXE)。当前程序运行结果为"Match!"，即两个字符串完全匹配，如图 2-3 所示。

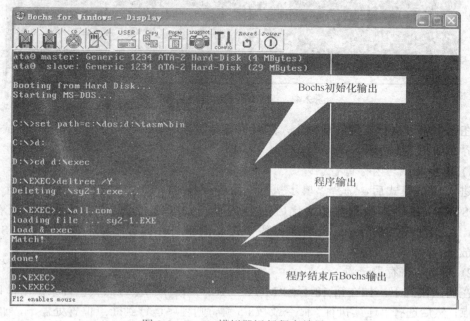

图 2-3　Bochs 模拟器运行程序结果

### 3. 程序调试

修改数据段中两个字符串的内容，使它们互不相同。修改后的数据区示例如下：

```
DATA      SEGMENT                              ; 数据段定义
STRING1   DB     'HAPPY ASM'
LEN       EQU    $-STRING1                     ; 定义字符串长度
STRING2   DB     'HAPPY asm'
MSG1      DB     'Match!', 0DH, 0AH, '$'
MSG2      DB     'No match!', 0DH, 0AH, '$'
DATA      ENDS                                 ; 数据段结束
```

重新编译、链接、运行，输出结果如图 2-4 所示。两字符串不匹配，结果为"No match!"。

图 2-4　字符串不同时程序运行结果

在已生成可执行文件的基础上，选择"开始调试"命令或按 F8 键，进入调试模式。调试界面如图 2-5 所示。

1) 单步调试与内存查看

进入调试模式后，选择"单步执行"命令或按 F11 键，一直运行到第 14 行"LEA SI, STRING1"(即数据段初始化后)，在内存查看窗口上点击右键，选择"查看 DS"命令，结果如图 2-6 所示。此时数据段中定义的字符在内存中以对应字符的 ASCII 码值存放。

2) 断点与寄存器查看

在调试模式下，如在第 18 行("MOV AL, [SI]")左边的灰色列条点击，设置一个断点，然后选择"连续执行"命令或按 F5 键，则程序运行到断点位置处停下，如图 2-7 所示。

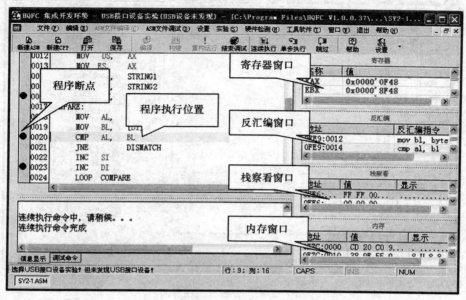

图 2-5　HQFC 集成开发环境调试界面

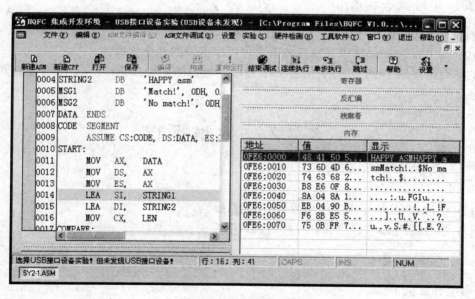

图 2-6　内存查看界面

选择"单步执行"命令或按 F11 键，开始单步往下执行。此时观察 AL、BL、SI、DI 及 CX 五个寄存器内容的变化。

3) 退出调试

在 ASM 的调试状态下，选择"ASM 文件调试"→"结束调试"命令或按 F8 键，程序则退出调试状态。

21

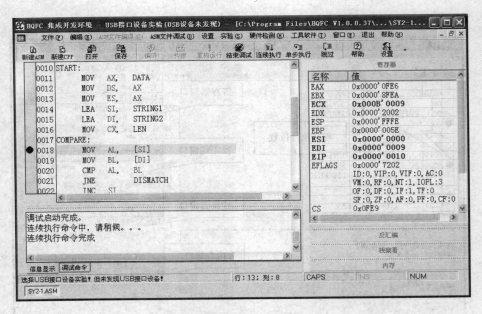

图 2-7　设置断点调试界面

## 五、实验报告要求

(1) 写出实验的程序清单，并加适当注释。

(2) 写出在 HQFC 集成开发环境下实现程序开发的几个步骤。

(3) 写出常用 DOS 功能调用的 INT 21H 功能中的 1 号、2 号、9 号、10 号及返回 DOS 的语句。

# 实验 2.2　数据操作

## 一、实验目的

(1) 学习 8086 指令系统中与数据有关的寻址方式。

(2) 学会使用 HQFC 集成开发环境调试汇编语言程序。

## 二、实验设备

微型计算机 1 台。

## 三、实验内容

将数据段中的一组数据累加，累加结果保存到数据段中，在调试模式下使用内存窗口查看运算结果。

## 四、编程提示

(1) 注意使用 LOOP 命令时，CX 计数寄存器的设置。循环读取数据时，指针要自加

1，指向下一个字节。

    (2) 参考程序。

        文件名：SY2-2．ASM

```
DATA    SEGMENT
        NUM DB  04H, 08H, 13H, 32H, 19H, 02H   ；累加的数据
        SUM DB  ?                              ；结果保存的空间
DATA    ENDS
CODE    SEGMENT
        ASSUME CS:CODE, DS:DATA
START:  MOV AX, DATA
        MOV DS, AX                    ；装载数据段寄存器
        MOV BX, OFFSET  NUM           ；设置数据指针
        MOV AL, [BX]                  ；取第一个数
        MOV CX, 5                     ；设置循环次数
NEXT:   INC BX                        ；调整BX数据指针指向下一个字节
        ADD AL, [BX]                  ；加下一个字节内容到AL
        LOOP    NEXT                  ；计数器减1,若不为0,则跳转到NEXT
        MOV BX, OFFSET  SUM           ；加载结果保存空间的偏移位置
        MOV [BX], AL                  ；保存累加结果到SUM
        MOV AH,  4CH
        INT 21H
CODE    ENDS
        END START
```

## 五、实验步骤及运行结果

(1) 打开 HQFC 集成开发环境编写源程序。

(2) 对输入的源程序检查无误后，经汇编、链接生成可执行文件。

(3) 查看结果，可在调试模式下进行。选择"开始调试"命令进入调试模式，并在运算结束的位置(第 17 行"MOV AH, 4CH")设置一个断点，然后连续执行到断点处，在内存查看窗口上点击右键，选择"查看 DS"命令。运算结果保存在数据段的第 7 个字节且内容为 6CH，如图 2-8 所示。

(4) 验证结果。数据段中的数据累加结果为 04H+08H+13H+32H+19H+02H=6CH，与查看内容一致。

## 六、实验报告要求

(1) 画出程序流程框图，整理出运行正确的程序清单，并加适当注释。

(2) 写出查看程序运行结果的方法。

(3) 写出使用 HQFC 集成开发环境查看程序内存的方法。

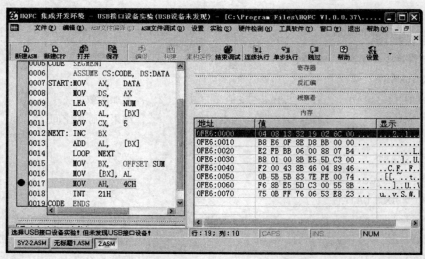

图 2-8　调试 SY2-2.EXE 查看结果界面

# 实验 2.3　数 据 传 送

## 一、实验目的

(1) 熟悉 8086 数据传送指令及与数据有关的寻址方式。

(2) 学会使用 HQFC 集成开发环境的调试模式来调试汇编语言程序。

## 二、实验设备

微型计算机 1 台。

## 三、实验内容

将数据段中的一个字符串传送到附加段中，并输出附加段中的字符串到屏幕上。

## 四、编程提示

(1) 数据传送需要用到 SI、DI、CX 3 个寄存器；在传送数据的循环体内修改 SI、DI、CX 寄存器的值。

(2) 参考程序。

文件名：SY2-3. ASM

```
DATA    SEGMENT                          ;定义源数据段
MSR     DB      'Hello, World! $'
LEN     EQU     $-MSR
DATA    ENDS
EXDA    SEGMENT                          ;定义附加数据段
MSD     DB      LEN   DUP (？)
EXDA    ENDS
CODE    SEGMENT                          ;定义代码段
```

24

```
        ASSUME    CS: CODE,  DS: DATA,  ES: EXDA
START:  MOV   AX, DATA
        MOV   DS, AX                           ; 装载数据段寄存器
        MOV   AX, EXDA
        MOV   ES, AX                           ; 装载附加数据段寄存器
        MOV   SI, OFFSET  MSR                  ; 设置 SI
        MOV   DI, OFFSET  MSD                  ; 设置 DI
        MOV   CX, LEN
NEXT:   MOV   AL, [SI]                         ; 开始传输数据
        MOV   ES: [DI],    AL
        INC   SI
        INC   DI
        DEC   CX
        JNZ   NEXT
        PUSH  ES
        POP   DS
        MOV   DX, OFFSET  MSD
        MOV   AH, 09H
        INT   21H
        MOV   AX, 4C00H
        INT   21H
CODE    ENDS
        END   START
```

## 五、实验步骤及运行结果

(1) 打开 HQFC 集成开发环境编写源程序。

(2) 对输入的源程序检查无误后，经汇编、链接生成可执行文件。

(3) 运行可执行文件，程序显示附加段的内容，结果如图 2-9 所示。

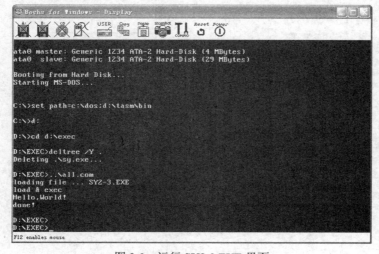

图 2-9　运行 SY2-3.EXE 界面

## 六、实验报告要求

(1) 画出程序流程框图,整理出运行正确的程序清单,并加适当注释。
(2) 写出程序的运行结果。
(3) 写出使用 HQFC 集成开发环境调试程序的步骤。

# 实验 2.4 数 码 转 换

## 一、实验目的

(1) 掌握不同进制数编码及相互转换的程序设计方法。
(2) 进一步熟悉从键盘接收数据的方法。

## 二、实验设备

微型计算机 1 台。

## 三、实验内容

从键盘输入数据并显示,要求将键盘接收到的 4 位十六进制数转换为等值的二进制数,并显示在屏幕上。

## 四、编程提示

(1) 代码转换是计算机和外设打交道的重要技术,外部设备通常用 ASCII 码(如键盘输入的程序)或 BCD 码输入计算机,而计算机都将其转换为二进制数,运算结束后又必须将其转换为 ASCII 码或 BCD 码送到输出设备。
(2) 数码转换流程如图 2-10 所示。

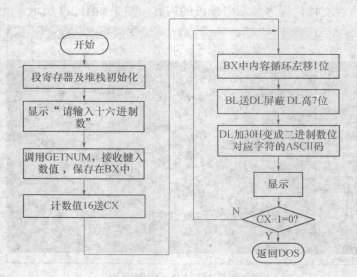

图 2-10 数码转换流程图

26

(3) 参考程序。

文件名：SY2-4．ASM

```
CRLF    MACRO                                       ；宏定义
        MOV  AH, 02H                                ；回车
        MOV  DL, 0DH
        INT  21H
        MOV  AH, 02H                                ；换行
        MOV  DL, 0AH
        INT  21H
ENDM
DATA    SEGMENT
MESS    DB    'Input  hexnumber!: $'
ERROR   DB    'Input  error! ', 0DH, 0AH, '$'
DATA    ENDS
STACK   SEGMENT
STA     DW    32DUP(? )
TOP     DW    ?
STACK   ENDS
CODE    SEGMENT
        ASSUME  CS：CODE, DS：DATA, ES：DATA, SS：STACK
START:  MOV  AX, DATA
        MOV  DS, AX
        MOV  ES, AX
        MOV  AH, 09H
        MOV  DX, OFFSET  MESS
        INT  21H                                    ；显示提示输入的信息
        CALL GETNUM                                 ；接收输入数值送 DX
        MOV  CX, 0010H                              ；16 位
        MOV  BX, DX
TTT:    ROL  BX, 1                                  ；循环左移 1 位
        MOV  DL, BL
        AND  DL, 01H                                ；屏蔽掉高 7 位
        ADD  DL, 30H
        MOV  AH, 02H
        INT  21H                                    ；显示二进制位数对应的 ASCII 字符
        LOOP TTT
        MOV  AX, 4C00H
        INT  21H                                    ；返回 DOS
GETNUM  PROC  NEAR
```

```asm
            PUSH   CX
            XOR    DX, DX
GGG:        MOV    AH, 01H
            INT    21H
            CMP    AL, 0DH
            JZ     PPP
            CMP    AL, 20H
            JZ     PPP
            CMP    AL, 30H
            JB     KKK
            SUB    AL, 30H
            CMP    AL, 30H
            JB     GETS
            CMP    AL, 11H
            JB     KKK
            SUB    AL, 07H
            CMP    AL, 0FH
            JBE    GETS
            CMP    AL, 2AH
            JB     KKK
            CMP    AL, 2FH
            JA     KKK
            SUB    AL, 20H
GETS:       MOV    CL, 04
            SHL    DX, CL
            XOR    AH, AH
            ADD    DX, AX
            JMP    GGG
KKK:        MOV    AH, 09H
            MOV    DX, OFFSET ERROR
            INT    21H
PPP:        PUSH   DX
            CRLF
            POP    DX
            POP    CX
            RET
GETNUM      ENDP
CODE        ENDS
            END    START
```

28

## 五、实验步骤及运行结果

(1) 使用 HQFC 集成开发环境编写源程序。

(2) 对输入的源程序检查无误后，经汇编、链接生成可执行文件。

(3) 运行可执行文件，实验结果如图 2-11 所示。

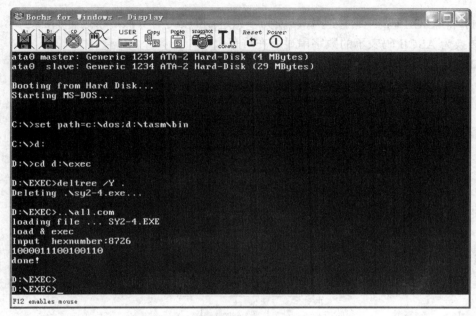

图 2-11　运行 SY2-4.EXE 界面

## 六、实验报告要求

(1) 画出程序流程图，整理出运行正确的程序清单，并加适当注释。

(2) 写出程序运行结果。

(3) 写出 DOS 功能调用 01H 号和 02H 号的语句。

(4) 总结数码转换程序设计思路和方法。

# 实验 2.5　数 值 运 算

## 一、实验目的

(1) 掌握数据传送和算术运算指令的用法。

(2) 学会运用运算类指令解决实际问题的方法。

## 二、实验设备

微型计算机 1 台。

### 三、实验内容

将两个多位十进制数相加，要求均以 ASCII 码形式各自顺序存放在以 DATA1 和 DATA2 为首的 5 个内存单元中(低位在前)，结果送回 DATA1 中。

### 四、编程提示

(1) 将 ASCII 码表示的数字串转换为十六进制的数字串，然后再进行加法运算，计算结果转换为 ASCII 码表示的数字串显示在屏幕上。

(2) 程序流程如图 2-12 所示。

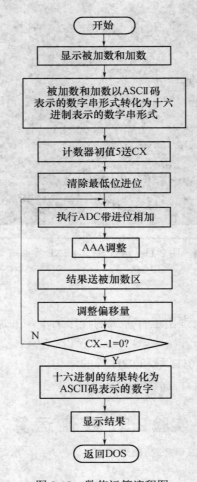

图 2-12  数值运算流程图

(3) 参考程序。

文件名：SY2-5. ASM

```
CRLF  MACRO                                    ;建立宏指令 CRLF
      MOV  DL, 0DH
      MOV  AH, 02H
```

30

```
        INT    21H
        MOV    DL, 0AH
        INT    21H
        ENDM
        DATA   SEGMENT
        DATA1  DB  33H, 39H, 31H, 37H, 34H    ; 第一个数据 (作为被加数)
        DATA2  DB  36H, 35H, 30H, 38H, 32H    ; 第二个数据 (作为加数)
        DATA   ENDS
        STACK  SEGMENT                        ; 堆栈段
        STA    DB  20 DUP (?)
        TOP    EQU  LENGTH STA
        STACK  ENDS
CODE  SEGMENT
ASSUME  CS: CODE, DS: DATA, SS: STACK, ES: DATA
START: MOV  AX,   DATA
        MOV    DS,  AX
        MOV    AX,  STACK
        MOV    SS,  AX
        MOV    AX,  TOP
        MOV    SP,  AX
        MOV    SI,  OFFSET  DATA2
        MOV    BX,  05
        CALL   DISPL                          ; 显示被加数
        CRLF
        MOV    SI,  OFFSET  DATA1
        MOV    BX,  05                         ; 显示加数
        CALL   DISPL
        CRLF
        MOV    DI,  OFFSET  DATA2
        CALL   ADDA                            ; 加法运算
        MOV    SI,  OFFSET  DATA1
        MOV    BX,  05
        CALL   DISPL                           ; 显示结果
        CRLF
        MOV    AX,  4C00H
        INT    21H
DISPL  PROC  NEAR                              ; 显示子功能
DS1:    MOV   AH,  02
        MOV   DL,  [SI+BX-1]                    ; 显示字符串中一字符
```

31

```
        INT    21H
        DEC    BX                                      ; 修改偏移量
        JNZ    DS1
        RET
DISPL   ENDP
ADDA    PROC   NEAR
        MOV    DX, SI
        MOV    BP, DI
        MOV    BX, 05
AD1:    SUB    BYTE PTR [SI+BX-1], 30H
        SUB    BYTE PTR [DI+BX-1], 30H
        DEC    BX
        JNZ    AD1
        MOV    SI, DX
        MOV    DI, BP
        MOV    CX, 05                                  ; 包括进位，共 5 位
        CLC                                            ; 清进位位
AD2:    MOV    AL, [SI]
        MOV    BL, [DI]
        ADC    AL, BL                                  ; 带进位相加
        AAA                                            ; 非组合 BCD 码的加法调整
        MOV    [SI], AL                                ; 结果送被加数区
        INC    SI
        INC    DI                                      ; 指向下一位
        LOOP   AD2
        MOV    SI, DX
        MOV    DI, BP
        MOV    BX, 05
AD3:    ADD    BYTE PTR [SI+BX-1], 30H
        ADD    BYTE PTR [DI+BX-1], 30H
        DEC    BX
        JNZ    AD3
        RET
ADDA    ENDP
CODE    ENDS
        END    START
```

## 五、实验步骤及运行结果

(1) 使用 HQFC 集成开发环境编写源程序。

(2) 对输入的源程序检查无误后，经汇编、链接生成可执行文件。

(3) 运行可执行文件，验证结果是否正确。如果正确，则改变几组数据反复验证，否则进入调试模式进行程序调试。

(4) 运行可执行文件，实验结果如图 2-13 所示。

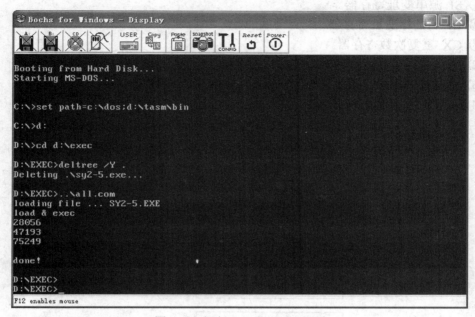

图 2-13　运行 SY2-5.EXE 界面

## 六、实验报告要求

(1) 画出程序流程图，整理出运行正确的程序清单，并加适当注释。

(2) 写出程序的运算数据和结果。

(3) 简要说明 ADD、SUB 指令对标志位的影响。

# 实验 2.6　串 操 作

## 一、实验目的

(1) 掌握串操作指令的使用方法。

(2) 掌握提示信息及从键盘输入信息的方法。

## 二、实验设备

微型计算机 1 台。

## 三、实验内容

字符串查找，如果字符串 1 中任意一个字符在字符串 2 中找到，则显示"Found"，否则显示"No Found"。

四、编程提示

(1) 注意串操作中的特定寄存器：

① SI 源串变址寄存器。

② DI 目的串变址寄存器。

③ CX 重复次数寄存器。

(2) 对于串操作指令要注意方向标志的设置。

(3) 注意控制串操作重复执行的前缀指令的使用，如 REPNZ。

(4) 程序流程如图 2-14 所示。

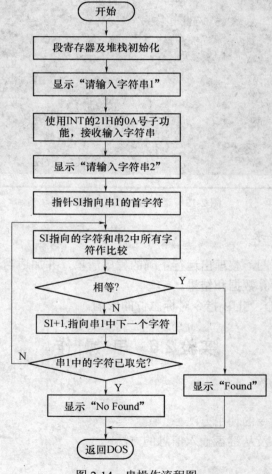

图 2-14　串操作流程图

(5) 参考程序。

文件名：SY2-6. ASM

```
CRLF  MACRO
      MOV  AH, 02H
```

```
            MOV   DL,   0DH
            INT   21H
            MOV   AH,   02H
            MOV   DL,   0AH
            INT   21H
ENDM
DATA        SEGMENT
MESS1       DB    'Found', 0DH, 0AH, '$'
MESS2       DB    'No Found', 0DH, 0AH, '$'
MESS3       DB    'Input  string1: ', 0DH, 0AH, '$'
MESS4       DB    'Input  string2: ', 0DH, 0AH, '$'
MAXLEN1     DB    81
ACTLEN1     DB    ?
STRING1     DB    81 DUP (?)
MAXLEN2     DB    81
ACTLEN2     DB    ?
STRING2     DB    81   DUP (?)
DATA        ENDS
STACK       SEGMENT
STA         DB    50   DUP (?)
TOP         EQU   LENGTH   STA
STACK       ENDS
CODE        SEGMENT
            ASSUME  CS: CODE,  DS: DATA,  ES: DATA,  SS: STACK
START:      MOV   AX,   DATA
            MOV   DS,   AX
            MOV   ES,   AX
            MOV   AX,   STACK
            MOV   SS,   AX
            MOV   SP,   TOP
            MOV   AH,   09H
            MOV   DX,   OFFSET   MESS3
            INT   21H                          ; 显示输入提示信息 1
            MOV   AH,   0AH
            MOV   DX,   OFFSET   MAXLEN1
            INT   21H                          ; 接收输入的字符串 1
            CRLF                               ; 回车换行
            MOV   AH,   09H
            MOV   DX,   OFFSET   MESS4
```

35

```
        INT    21H                              ; 显示输入提示信息 2
        MOV    AH,  0AH
        MOV    DX,  OFFSET MAXLEN2
        INT    21H                              ; 接收输入的字符串 2
        CRLF
        CLD
        MOV    SI,  OFFSET    STRING1
        MOV    CL,  [SI-1]
        MOV    CH,  00H                         ; 字符串 1 的实际字符数送 CX
KKK:    MOV    DI,  OFFSET    STRING2
        PUSH   CX
        MOV    CL,  [DI-1]
        MOV    CH,  00H                         ; 字符串 2 的实际字符数送 CX
        MOV    AL,  [SI]
        MOV    DX,  DI
        REPNZ  SCASB                            ; 将串 1 中的一个字符和串 2 中
                                                  的所有字符作比较
        JZ     GGG                              ; 比较相等转 GGG
        INC    SI                               ; 从串 1 中取下一个字符
        POP    CX
        LOOP   KKK
        MOV    AH,  09H
        MOV    DX,  OFFSET    MESS2
        INT    21H                              ; 显示 'No  Found'
        JMP    PPP
GGG:    MOV    AH,  09H
        MOV    DX,  OFFSET    MESS1
        INT    21H                              ; 显示 'Found'
PPP:    MOV    AX,  4C00H
        INT    21H
CODE    ENDS                                    ; 返回 DOS
        END    START
```

## 五、实验步骤及运行结果

(1) 使用 HQFC 集成开发环境编写源程序。

(2) 对输入的源程序检查无误后，经汇编、链接生成可执行文件。

(3) 运行可执行文件，实验结果如图 2-15 所示。

(4) 反复测试几组数据，验证程序的正确性。

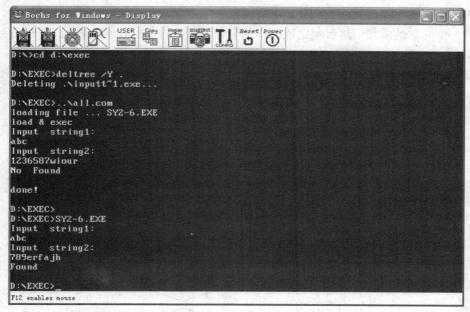

图 2-15　运行 SY2-6.EXE 界面

六、实验报告要求

(1) 画出程序流程图，整理出运行正确的程序清单，并加适当注释。
(2) 写出程序的运行结果。
(3) 总结串操作指令的使用方法。

# 实验 2.7　学生成绩统计

一、实验目的

(1) 掌握分支与循环程序的设计方法。
(2) 学会使用 HQFC 集成开发环境调试模式下查看内存的方法。

二、实验设备

微型计算机 1 台。

三、实验内容

设有 16 个学生，他们的成绩分别是 98、83、88、61、52、78、74、69、80、34、70、91、73、85、64 和 100。编写程序分别统计低于 60 分、60～69 分、70～79 分、80～89 分和 90～100 分的人数，并存放到 A、B、C、D 及 E 单元中。

四、编程提示

(1) 定义 A、B、C、D 和 E 这五个等级的成绩，分别对应 90～100 分、90～89 分、

70～79 分、60～69 分和低于 60 分。在数据段空间定义这五个区域，初始化值为 0。循环读取每一位同学的成绩，然后判定该同学的分数等级，对应的等级人数加 1，一直到循环结束。

(2) 程序流程如图 2-16 所示。

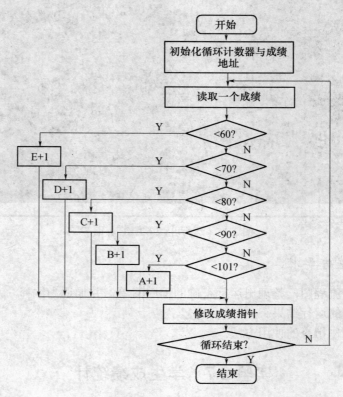

图 2-16　成绩统计流程图

(3) 参考程序。

文件名：SY2-7. ASM

```
DATA    SEGMENT
SCORE   DB  98, 83, 88, 61, 52, 78, 74, 69      ;成绩数据
        DB  80, 34, 70, 91, 73, 85, 64, 100
A       DB  0                                    ;结果保存空间
B       DB  0
C       DB  0
D       DB  0
E       DB  0
DATA    ENDS
CODE    SEGMENT
        ASSUME  DS:DATA, CS:CODE
```

```
START:    MOV    AX, DATA
          MOV    DS, AX
          MOV    CX, 16              ; 设计循环计数器值
          MOV    BX, OFFSET SCORE    ; BX指向第一个成绩地址
COUNT: .MOV    AL, [BX]             ; 读取BX指向空间的成绩数据
          CMP    AL, 60
          JL     S_E                 ; <60, 跳转到S_E
          CMP    AL, 70
          JL     S_D                 ; 60<=AL<70, 跳转到S_D
          CMP    AL, 80
          JL     S_C                 ; 70<=AL<80, 跳转到S_C
          CMP    AL, 90
          JL     S_B                 ; 80<=AL<90, 跳转到S_B
          CMP    AL, 101
          JL     S_A                 ; 90<=AL<=100, 跳转到S_A
S_E:      INC    E
          JMP    NEXT
S_D:      INC    D
          JMP    NEXT
S_C:      INC    C
          JMP    NEXT
S_B:      INC    B
          JMP    NEXT
S_A:      INC    A
NEXT:     INC    BX                  ; BX加1, 指向下一个成绩
          LOOP   COUNT
          MOV    AH, 4CH             ; 退出, 返回DOS
          INT    21H
CODE      ENDS
          END    START
```

## 五、实验步骤及运行结果

(1) 使用 HQFC 集成开发环境编写源程序。

(2) 对输入的源程序检查无误后, 经汇编、链接生成可执行文件。

(3) 选择"开始调试"命令, 在 41 行("MOV AH, 4CH")位置处设置一断点, 选择"连续执行"命令, 程序执行到断点处。在内存查看窗口上单击右键, 选择"查看 DS"选项, 结果如图 2-17 所示。A、B、C、D 及 E 五个等级的成绩保存在从数据段第 17 个

字节开始，其统计值分别为 03、04、04、03 和 02。

(4) 反复修改数据段成绩数据，然后编译、运行，检查程序的正确性。

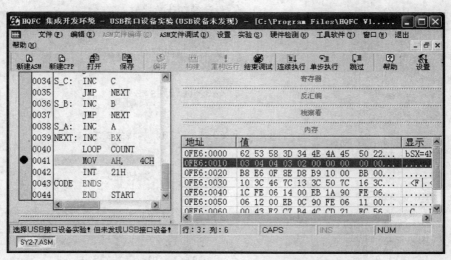

图 2-17 调试 SY2-7.EXE 查看结果界面

六、实验报告要求

(1) 写出程序的运行结果。
(2) 列出分支与循环语句的使用方法。
(3) 总结 HQFC 集成开发环境调试与查看内存的方法。

# 实验 2.8 DOS 功能调用

一、实验目的

(1) 熟悉如何进行字符及字符串的输入、输出。
(2) 掌握常用 DOS 功能调用 INT 21H 的使用方法。

二、实验设备

微型计算机 1 台。

三、实验内容

将指定数据区的数据以十六进制数形式显示在屏幕上，并通过 DOS 功能调用 INT 21H 实现提示信息显示和数据的输入、输出。

四、编程提示

为了能在 DOS 下直观地观察到输入、输出数据，常用到 DOS 功能调用 INT 21H 号的 01H、02H、09H、OAH 号调用来实现。

40

(1) 键盘输入并回显。

入口：AH=01H

返回参数：AL=输入字符。

(2) 字符串输入。

入口：AH=0AH

调用参数：DS：DX=串的首地址。

(3) 显示单个字符。

入口：AH=02H

调用参数：DL=输出字符

(4) 显示字符串。

入口：AH=09H

调用参数：DS：DX=字符串首地址，$为字符串结束符。

(5) 返回 DOS 系统。

入口：AH=4CH

调用参数：AL=返回码

(6) 程序流程如图 2-18 所示。

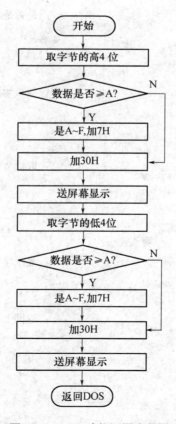

图 2-18　DOS 功能调用流程图

(7) 参考程序。

文件名：SY2-8. ASM

```
DATA      SEGMENT
MES       DB    'Show a as hex:', 0AH, 0DH, '$'
SD        DB    'a'
DATA      ENDS
CODE      SEGMENT
          ASSUME  CS: CODE, DS: DATA
START:    MOV   AX, DATA
          MOV   DS, AX
          MOV   DX, OFFSET  MES          ; 显示提示信息
          MOV   AH, 09H
          INT   21H
          MOV   DI, OFFSET  SD
          MOV   AL, DS: [DI]
          AND   AL, 0F0H                 ; 取高 4 位
          MOV   CL, 4
          SHR   AL, CL
          CMP   AL, 0AH                   ; 是否是 A 以上的数
          JB    C2
          ADD   AL, 07H
C2:       ADD   AL, 30H
          MOV   DL, AL                    ; 显示字符
          MOV   AH, 02H
          INT   21H
          MOV   AL, DS: [DI]
          AND   AL, 0FH                   ; 取低 4 位
          CMP   AL, 0AH
          JB    C3
          ADD   AL, 07H
C3:       ADD   AL, 30H
          MOV   DL, AL                    ; 显示字符
          MOV   AH, 02H
          INT   21H
          MOV   AX, 4C00H                 ; 返回 DOS
          INT   21H
CODE      ENDS
          END   START
```

五、实验步骤及运行结果

(1) 使用 HQFC 集成开发环境编写源程序。

(2) 对输入的源程序检查无误后，经汇编、链接生成可执行文件。

(3) 运行可执行文件，实验结果如图 2-19 所示。

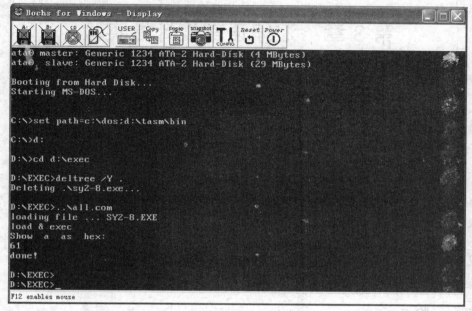

图 2-19 运行 SY2-8.EXE 界面

## 六、实验报告要求

(1) 画出程序流程图，整理出运行正确的程序清单，并加适当注释。

(2) 写出程序的运行结果。

(3) 说明 DOS 功能调用的 0AH 号功能对键盘缓冲区格式上的要求。

(4) DOS 功能调用 INT 21H 中的 1、2、9、10 号功能的输入、输出参数有哪些？分别放在什么寄存器中？

(5) 总结实现字符及字符串输入、输出的方法。

# 第3章 汇编语言设计性实验

## 实验 3.1 数码转换类程序实验

### 3.1.1 将十进制的 ASCII 码转换为 BCD 码

**一、实验目的**

(1) 掌握不同进制及编码相互转换的程序设计方法，加深对数码转换的理解。

(2) 进一步掌握调试程序的方法。

**二、实验设备**

微型计算机 1 台。

**三、实验内容**

编写程序，要求将键盘输入的 5 位十进制数 54321 的 ASCII 码存放在数据区中，转换为 BCD 码后，将结果按位分别显示于屏幕上。若输入的不是十进制的 ASCII 码，则输出"FF"。

**四、编程提示及相关知识**

计算机输入的信息通常是 ASCII 码或 BCD 码表示的数据或字符，CPU 一般用二进制数进行计算或其他信息进行处理，处理后输出给外设的结果又必须依外设的要求变为 ASCII 码、BCD 码或七段显示码等。因此，在应用软件中各类数制和代码的转换是必不可少的。

计算机与外设间的数码转换关系如图 3-1 所示。

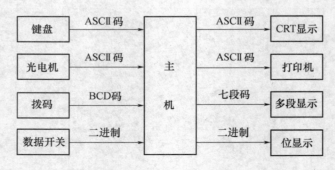

图 3-1 计算机与外设间的数码转换关系

1 字节 ASCII 码取其低 4 位即变为 BCD 码。数码对应关系如表 3-1 所列。

表 3-1 数码转换对应关系表

| 十六进制 | BCD 码 | 二进制机器码 | ASCII 码 | 七段码 | |
|---|---|---|---|---|---|
| | | | | 共阳 | 共阴 |
| 0 | 0000 | 0000 | 30H | 40H | 3FH |
| 1 | 0001 | 0001 | 31H | 79H | 06H |
| 2 | 0010 | 0010 | 32H | 24H | 5BH |
| 3 | 0011 | 0011 | 33H | 30H | 4FH |
| 4 | 0100 | 0100 | 34H | 19H | 66H |
| 5 | 0101 | 0101 | 35H | 12H | 6DH |
| 6 | 0110 | 0110 | 36H | 02H | 7DH |
| 7 | 0111 | 0111 | 37H | 78H | 07H |
| 8 | 1000 | 1000 | 38H | 00H | 7FH |
| 9 | 1001 | 1001 | 39H | 18H | 67H |
| A | 1010 | 1010 | 41H | 08H | 77H |
| B | 1011 | 1011 | 42H | 03H | 7CH |
| B | 1100 | 1100 | 43H | 46H | 39H |
| D | 1101 | 1101 | 44H | 21H | 5EH |
| E | 1110 | 1110 | 45H | 06H | 79H |
| F | 1111 | 1111 | 46H | 0EH | 71H |

## 五、实验预习要求

(1) 仔细阅读本实验教程及相关教材。
(2) 预习实验提示及相关知识。
(3) 按照题目要求在实验前编写好相应的程序段。

## 六、实验步骤及调试

(1) 使用 HQFC 集成开发环境编写源程序。
(2) 对输入的源程序验证无误后,经编译、链接生成可执行文件。
(3) 从键盘输入数据,观察运行结果。
(4) 若程序运行不正确,则进入调试模式,在程序中设置断点,观察各寄存器和内存中的值,查出错误并修改至程序正确运行为止。
(5) 更改数据区中的数据,验证程序的正确性。

## 七、实验报告要求

(1) 画出程序流程图,整理出运行正确的程序清单,并加适当注释。
(2) 写出程序的运行结果。

(3) 总结数码转换程序设计的方法。

## 3.1.2　将 ASCII 码表示的十进制数转换为二进制数

### 一、实验目的

(1) 学会不同进制数及数码相互转换的程序设计方法，加深对数码转换的理解。
(2) 掌握接收键盘数据的方法，并了解键盘数据显示时须转换为 ASCII 码的原理。

### 二、实验设备

微型计算机 1 台。

### 三、实验内容

编写程序，要求将缓冲区中的一个 5 位十进制数 00012 的 ASCII 码转换成二进制数，并将转换结果按位显示在屏幕上。

### 四、编程提示及相关知识

十进制数可表示为：

$$D_n \times 10^n + D_{n-1} \times 10^{n-1} + \cdots + D_0 \times 10^0 = \sum_{i=0}^{n} D_i \times 10^i$$

$D_i$ 代表被转换的十进制数：1，2，3，$\cdots$，9，0；
上式可转换为：

$$\sum_{i=0}^{n} D_i \times 10^i = \{[\cdots(D_n \times 10 + D_{n-1}) \times 10 + D_{n-2}] \times 10 + \cdots + D_1\} \times 10 + D_0$$

由上式可归纳出十进制转换为二进制的方法：从十进制的最高位 $D_n$ 开始做乘 10 加次位数的操作，将结果乘以 10 再加下一个次位数，如此重复，即可求出二进制数的结果。

### 五、实验预习要求

(1) 仔细阅读本实验教程及相关教材。
(2) 预习实验提示及相关知识点。
(3) 按照题目要求在实验前编写好相应的程序段。

### 六、实验步骤及调试

(1) 使用 HQFC 集成开发环境编写源程序。
(2) 对输入的源程序验证无误后，经编译、链接生成可执行文件。
(3) 若程序运行不正确，则进入调试模式，在程序中设置断点，观察各寄存器和内存中的值，查出错误并修改至程序正确运行为止。
(4) 更改数据区中的数据，验证程序的正确性。

(1) 画出程序流程图，整理出运行正确的程序清单，并加适当注释。

(2) 写出程序的运行结果。

(3) 试写出几组数据的运行结果，并填入表 3-2 中。

表 3-2  数码转换表

| 输入数据(ASCⅡ码) | 转换结果 |
| :---: | :---: |
| 12 | |
| 225 | |

# 实验 3.2  运算类程序设计实验

## 3.2.1  BCD 码相乘

### 一、实验目的

(1) 熟悉组合 BCD 码表示的数据，实现组合 BCD 码乘法运算的算法。

(2) 掌握运算类指令编程及调试的方法。

### 二、实验设备

微型计算机 1 台。

### 三、实验内容

编写一个 BCD 码相乘的程序，要求被乘数和乘数以组合的 BCD 码形式存放，各占一个内存单元，乘积存放在另外两个内存单元中。

### 四、实验提示及相关知识

(1) 由于没有组合的 BCD 码乘法指令，程序中采用将乘数 1 作为计数器，累加另一个乘数的方法得到计算结果。

(2) 该程序在做二进制加法运算时用到了两类调整指令：DAA 加法的十进制数调整指令和 DAS 减法的十进制数调整指令。

① DAA(加法的十进制调整)的指令功能是：将 AL 寄存器中二进制加法运算的结果调整为压缩的 BCD 格式，仍保留在 AL 寄存器中。

② DAS(减法的十进制调整)的指令功能是：将 AL 寄存器中二进制减法运算的结果调整为压缩的 BCD 格式，仍保留在 AL 寄存器中。

(3) 注意算术运算类指令对标志位的影响。

### 五、实验预习要求

(1) 仔细阅读本实验教程及相关教材。

(2) 预习实验提示及相关知识。

(3) 复习 8086 指令系统中的算术逻辑类指令。

(4) 按照题目要求在实验前编写好相应的程序段，准备好多组数据以供校验。

### 六、 实验步骤及调试

(1) 使用 HQFC 集成开发环境编写源程序。

(2) 对输入的源程序验证无误后，经编译、链接生成可执行文件。

(3) 若程序运行不正确，进入调试模式，在程序中设置断点，观察各寄存器和内存中的值，查出错误并修改至程序正确运行为止。

(4) 更改数据区中的数据，验证程序的正确性。

### 七、 实验报告要求

(1) 画出程序流程图，整理出运行正确程序清单，并加适当注释。

(2) 写出程序的运行数据和结果。

(3) 简要说明 ADC、SUB、AND、OR 指令对标志位的影响。

## 3.2.2 用减奇数法开平方运算

### 一、实验目的

(1) 进一步熟悉使用运算类指令编程及调试的方法。

(2) 掌握运算类指令对各状态标志位的影响及测试方法。

(3) 学会运用运算类指令解决实际问题的方法。

### 二、实验设备

微型计算机 1 台。

### 三、实验内容

编写程序，用减奇数法计算 0040H 的开平方，并将计算结果显示在屏幕上。

### 四、实验提示及相关知识

8086/8088 指令系统中有乘、除法指令，但是没有开平方指令，因此，开平方运算是通过程序来实现的。用减奇法可以求得近似平方根，以获得平方根的整数部分。N 个自然数中的奇数之和等于 $N^2$，即：

$$1+3=4=2^2$$
$$1+3+5=9=3^2$$
$$1+3+5+7=16=4^2$$
$$1+3+5+7+9=25=5^2$$
$$\vdots$$

若要做 $\sqrt{S}$ 的开平方运算，就可以从 S 数中逐次减去自然数中的奇数 1，3，5，7，…，一直进行到相减数为 0 或不够减下一个自然数的奇数为止，然后统计减去自然数的奇数个数，它就是 S 的近似平方根。

## 五、实验预习要求

(1) 仔细阅读本实验教程及相关教材。
(2) 预习实验提示及相关知识点。
(3) 复习 8086 指令系统中的算术逻辑类指令。
(4) 按照题目要求在实验前编写好相应的程序段，准备好多组数据以供校验程序的正确性。

## 六、实验步骤及调试

(1) 使用 HQFC 集成开发环境编写源程序。
(2) 对输入的源程序验证无误后，经编译、链接生成可执行文件。
(3) 若程序运行不正确，进入调试模式，在程序中设置断点，观察各寄存器和内存中的值，查出错误并修改至程序正确运行为止。
(4) 更改数据区中的数据，验证程序的正确性。

## 七、实验报告要求

(1) 画出程序流程图，整理出运行正确程序清单，并加适当注释。
(2) 写出程序的运行数据和结果。
(3) 总结运算类程序设计方法。

# 实验 3.3 分支与循环程序设计实验

## 3.3.1 将键盘输入的小写字母转换成大写字母

### 一、实验目的

(1) 掌握分支与循环程序的结构。
(2) 学会分支与循环程序的设计及调试方法。

### 二、实验设备

微型计算机 1 台。

### 三、实验内容

编写程序，从键盘输入一串字符，以 '$' 或回车结束，将其中的小写字母转变为大写字母，其他字符不作转换，原样输出，结果在屏幕上显示。

程序执行结果示例如下：

```
INPUT STRING:  abcdef#@! eh95AD$     ；提示信息和键盘输入的字符
OUTPUT STRING:  ABCDEF#@! EH95AD     ；提示信息和转换后的字符
```

四、编程提示及相关知识

(1) 从键盘输入的字符是以 ASCII 码形式存放的，小写字母 a~z 的 ASCII 码值从 61H~7AH，大写字母 A~Z 的 ASCII 码值从 41H~5AH。

(2) 字符串输入使用 DOS 的 INT 21H 的 0AH 号功能把输入的字符送到数据段内存区，内存区第一字节存放它能保存的最大字符数，第二字节存放实际输入的字符个数，从第三字节开始，存放用户从键盘输入的字符串。指针寄存器可用 SI、DI、BX，用指针逐个取出字符并转换。

程序段举例如下：

数据段中：

```
BUF DB 30                   ;定义可接收的最大字符数
    DB  ?                   ;实际输入的字符个数
    DB 30 DUP(?)            ;输入的字符放在此区域中
```

程序段中：

```
MOV DX,OFFSET BUF           ;或 LEA DX,BUF
MOV AH,0AH
INT 21H
LEA SI,BUF                  ;SI 地址指针取字符
```

(3) 字符的输出显示用 DOS 的 INT 21H 的 02H 号功能或 09H 号功能。

(4) 分支程序是根据不同条件执行不同处理过程的程序。分支程序的结构有两种：一种是二分支；另一种是多分支。它们的共同特点是在满足某一条件时，将执行多个分支中的某一分支。分支结构示意图如图 3-2 所示。

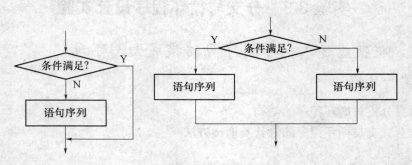

图 3-2  分支结构示意图

(5) 循环程序是把一个程序段重复执行多次的程序结构。在编制循环程序时需要注意，对于多重循环程序，不论几重循环，其程序结构应由循环初值、循环体、调整循环次数和判断出口条件几部分组成。循环结构示意图如图 3-3 所示。

(6) 循环控制可使用 LOOP 循环指令。LOOP 循环指令格式：LOOP OPR(OPR 为标号)。功能：每执行一次 LOOP OPR，CX 寄存器中的内容会自动减 1，并判断 CX 中的内容是否减到 0，若 CX≠0，则转移到目标标号继续循环，否则结束循环顺序执行下条指令。使用 LOOP 指令前，应将循环数送 CX 寄存器。

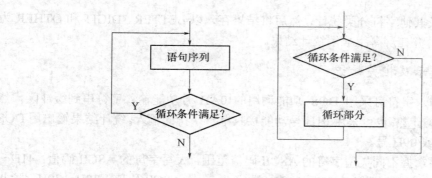

图 3-3  循环结构示意图

## 五、实验预习要求

(1) 仔细阅读本实验教程及相关教材。
(2) 预习实验提示及相关知识点中的内容。
(3) 按照题目要求在实验前编写好相应的程序段。

## 六、实验步骤及调试

(1) 使用 HQFC 集成开发环境编写源程序。
(2) 对输入的源程序验证无误后，经编译、链接生成可执行文件。
(3) 运行程序，输入一个包含小写字母的字符串，然后观察程序转换结果。
(4) 若程序运行不正确，则进入调试模式，在程序中设置断点，观察各寄存器和内存中的值，查出错误并修改至程序正确运行为止。
(5) 反复输入几组字符，验证程序的正确性。

## 七、实验报告要求

(1) 画出程序流程图，整理出运行正确的程序清单，并加适当注释。
(2) 写出程序的运行结果。
(3) 小结分支与循环程序的设计方法。

## 3.3.2  分类统计字符个数

### 一、实验目的

(1) 掌握字符和数据的显示方法。
(2) 进一步掌握分支和循环程序设计的方法。

### 二、实验设备

微型计算机 1 台。

### 三、实验内容

编写程序，从键盘输入一行字符(字符个数不超过 80 个，该字符串用回车符结束)，

51

并按字母、数字及其他字符分类统计，然后将结果存入以 LETTER、DIGIT 和 OTHER 为名的存储单元中，并在屏幕上显示统计结果。

## 四、实验提示及相关知识

(1) 从键盘输入字符可采用 DOS 功能调用的 0AH 号功能输入字符串到缓冲区，然后再逐个取出分类计数；也可采用 01H 号功能接收单一字符的输入。统计结果输出用 DOS 功能调用 02H 号或 09H 号。

(2) 编程时要掌握不同类型字符的 ASCII 码值范围，大写字母的 ASCII 码值：41H～5AH，小写字母的 ASCII 码值：61H～7AH，数字 0～9 的 ASCII 码值：30H～39H，除此之外的字符归为其他字符处理。

(3) 提示信息的显示。提示信息需预先定义在数据段中，用"DB"定义，字符串前后加引号，结尾必须用'$'作为字符串的结束，然后将此提示信息的偏移地址送到 DX 中，用 INT 21H 中断的 09H 号系统功能调用。程序段举例如下：

数据段中：

MESSAGE  DB  'Please input  ?', 0DH, 0AH, '$'

程序段中：

MOV  DX, OFFSET  MESSAGE   ; 或 LEA  DX, MESSAGE

MOV  AH, 09H

INT  21H

(4) 接收键入的字符串。相关知识可参考实验 3.3.1。

## 五、实验预习要求

(1) 仔细阅读本实验教程及相关教材。
(2) 预习实验提示及相关知识点中的内容。
(3) 复习比较指令、转移指令、循环指令的用法。
(4) 复习 DOS 功能调用字符及字符串的输入、输出用法。
(5) 根据题目要求在实验前编写好相应的源程序。

## 六、实验步骤及调试

(1) 使用 HQFC 集成开发环境编写源程序。
(2) 对输入的源程序验证无误后，经编译、链接生成可执行文件。
(3) 运行程序，从键盘输入一个字符串，观察各类字符统计结果。
(4) 若程序运行不正确，进入调试模式，在程序中设置断点，观察各寄存器和内存中的值，查出错误并修改至程序正确运行为止。
(5) 反复试几组数据，验证程序的正确性。

## 七、实验报告要求

(1) 画出程序流程图，整理出运行正确的程序清单，并加适当注释。
(2) 写出程序运行结果。

(3) 总结编写分支程序和循环程序的要点。

## 3.3.3　查找匹配字符串

### 一、实验目的

(1) 进一步学习提示信息的显示及键盘输入字符的方法。
(2) 掌握 8088 串指令的使用方法。

### 二、实验设备

微型计算机 1 台。

### 三、实验内容

编写程序，接收用户从键盘输入的一个关键字以及一个句子。如果句子中包含关键字，则显示'Match！'；如果句子中不包含关键字，则显示'No　match！'，要求程序的执行过程如下：

```
Enter  Keyword：abc.
Enter  Sentence：We  are  studying  abc.
Match!
Enter  Sentence：xyz, OK?
No  match!
Enter  Sentence：^ C
```

### 四、编程提示及相关知识

(1) 程序可由 3 部分组成：输入关键字和一个句子，分别存入相应的缓冲区中，可用功能调用 0AH。在句子中查找关键字；输出查找的信息，可用 09H 调用。

① 关键字和句子中相应字段的比较可使用串比较指令。为此必须定义附加段，但附加段和数据段可定义为同一段，以便于串指令的使用。这样，相应的寄存器内容也有了确定的含义，即：

　　SI　　寄存器为关键字的指针。

　　DI　　寄存器为句子中正相比较的字段的指针。

　　CX　　寄存器存放关键字的字母个数(长度)。

② 整个句子和关键字的比较过程可以用一个循环结构来完成。循环次数：

(句子长度-关键字长度)+1

在计算循环次数时，如遇到句子长度小于关键字长度的情况，则应转向显示'No match!'。循环中还需要用到 BX 寄存器，它用来保存句子中当前正在比较字段的首地址。BX、SI、DI 三个寄存器的作用如图 3-4 所示。

③ 输出信息。用 DOS 功能调用 09H 分'Match!'或'No match!'两种情况分别显示不同的信息。在'Match!'时，还要求显示出匹配字符串在句子中的位置。由前述可知，在'Match!'时，BX 寄存器的内容为匹配字符串的首地址，将此值减去句子的首地址，再将差值加 1 即是所要的匹配字符串在句子中的位置。可将位置值转换为十六进制数从屏幕上显示出来。

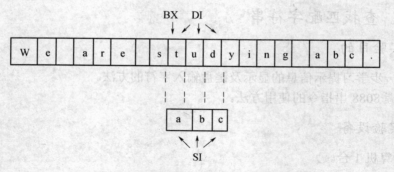

图 3-4  在查找匹配字符串中使用的指针

(2) 注意串操作中的特定寄存器 SI 、DI 、CX 与方向标志 STD、CLD 的使用，及控制串操作重复执行的前缀指令 REPNZ 的使用。

### 五、实验预习要求

(1) 仔细阅读本实验教程及相关教材。
(2) 预习实验提示及相关知识点。
(3) 复习串操作指令、转移指令及循环指令的用法。
(4) 根据题目要求在实验前编写好相应的源程序。

### 六、实验步骤及调试

(1) 使用 HQFC 集成开发环境编写源程序。
(2) 对输入的源程序验证无误后，经编译、链接生成可执行文件。
(3) 运行程序，从键盘输入一个关键字以及一个句子，观察其结果。
(4) 若程序运行不正确，则进入调试模式，在程序中设置断点，观察各寄存器和内存中的值，查出错误并修改至程序正确运行为止。
(5) 更改数据区中的数据，验证程序的正确性。

### 七、实验报告要求

(1) 画出程序流程图，整理出运行正确的程序清单，并加适当注释。
(2) 写出程序运行数据和结果。
(3) 小结串操作指令需要哪几个寄存器？如何编制提示信息及从键盘输入信息？

## 3.3.4  求一组数据之和

### 一、实验目的

(1) 学习算数运算指令的用法。
(2) 掌握字符和数据的显示方法。
(3) 进一步掌握分支程序和循环程序的设计方法。

## 二、实验设备

微型计算机 1 台。

## 三、实验内容

设有一组数据保存在 NUM 的内存单元中，数据的个数存放在 COUNT 单元中，要求编程将这一数组累加，其结果存放在 SUM 单元(设和数不大于两个字节)，并把 SUM 单元的内容以十六进制数在屏幕上显示。

## 四、编程提示及相关知识

(1) 在数据段标号为 NUM 的空间定义 5 个十进制数，用 BX 指向 NUM 数据区，依次取出需要累加的数据，然后把累加和存入 SUM 空间；

(2) 相关知识参考实验 3.3.1 和实验 3.3.2。

## 五、实验预习要求

(1) 仔细阅读本实验教程及相关教材。
(2) 预习实验提示及相关知识点。
(3) 复习移位指令、跳转指令及循环指令的用法。
(4) 根据题目要求在实验前编写好相应的源程序。

## 六、实验步骤及调试

(1) 使用 HQFC 集成开发环境编写源程序。
(2) 对输入的源程序验证无误后，经编译、链接生成可执行文件。
(3) 运行程序，观察结果是否正确，若不正确，则进入调试模式进行调试。
(4) 更改数据区中的数据，反复测试，验证程序的正确性。

## 七、实验报告要求

(1) 画出程序流程图，整理出运行正确的程序清单，并加适当注释。
(2) 写出程序运行数据和结果。
(3) 小结在屏幕上显示内存中数值的方法。

# 实验 3.4  子程序设计实验

## 3.4.1  求无符号字节序列中的最大值和最小值

## 一、实验目的

(1) 掌握子程序设计的基本方法，包括子程序的定义、调用和返回。
(2) 学会子程序的调试方法。

## 二、实验设备

微型计算机 1 台。

## 三、实验内容

利用子程序方法编写程序。设有 10 个无符号数的字节序列，查找该序列中的最大值和最小值，并把结果在屏幕上显示。

## 四、编程提示及相关知识

(1) 程序使用 BH 和 BL 暂存现行的最大值和最小值，首先取第一个数存入 BH 和 BL 中(设第一字节数既为最大，也为最小)，然后取第二个数进入循环操作。在循环操作中，依次从字节序列中逐个取出一个字节数与 BH 和 BL 进行比较，比较的过程不断修改 BH 和 BL 的值。当查找结束时，将 BH 和 BL 值分别送到屏幕显示。

(2) 循环控制变量可用 CX 寄存器，此时可用 LOOP 语句作循环，执行一次 LOOP 指令，CX 寄存器会自动减 1，并判断 CX 是否为 0，若 CX 不为 0，则转到对应的标号处执行，否则 LOOP 语句退出循环。

(3) 注意子程序中如何保护和恢复现场，主程序与子程序之间如何传送参数。

(4) 子程序设计中的 CALL 和 RET 指令完成子程序的调用和返回功能。子程序(过程)是程序中实现某个特定功能的指令组，它一旦被定义，就可以在程序中任何需要该功能的地方任意地调用它。

① 子程序调用格式：　　CALL　子程序名

② 子程序的定义格式：子程序是通过过程伪指令 PROC～EBDP 来定义的，其一般格式为：

子程序名　PROC　NEAR 或 FAR
　　　　　...　　　...
　　　　　...　　　...
　　　　　RET
子程序名　ENDP

## 五、实验预习要求

(1) 仔细阅读本实验教程及相关教材。

(2) 预习实验提示及相关知识点。

(3) 复习字符及字符串的输入、输出方法。

(4) 复习子程序的定义和调用方法。

(5) 根据题目要求在实验前编写好相应的源程序。

## 六、实验步骤及调试

(1) 使用 HQFC 集成开发环境编写源程序。

(2) 对输入的源程序验证无误后，经编译、链接生成可执行文件。

(3) 运行可执行文件，观察运行结果。

(4) 若程序运行不正确，进入调试模式，在程序中设置断点，观察各寄存器和内存中的值，查找出错误并修改至程序正确运行为止。

(5) 反复试验几组数据，验证程序的正确性。

## 七、实验报告要求

(1) 画出程序流程图，整理出运行正确的程序清单，并加适当注释。

(2) 写出程序运行数据以及最大值 BH 和最小值 BL 的结果。

(3) 写出程序的定义和调用方法。

(4) 小结子程序的设计方法。

## 3.4.2  计算 N! 实验

### 一、实验目的

(1) 学习子程序的定义和调用方法。

(2) 掌握子程序、子程序嵌套、递归子程序的结构。

### 二、实验设备

微型计算机 1 台。

### 三、实验内容

编写程序，利用子程序的嵌套和子程序的递归调用，实现 N！的运算。

### 四、编程提示及相关知识

根据阶乘运算，可以得出：

$0! = 1$

$1! = 1 \times 0! = 1$

$\vdots$

$N! = N \times (N-1)! = N \times (N-1) \times (N-2)! = \cdots$

由此可以想到，欲求 N 的阶乘，可以用一递归子程序来实现，每次递归调用时，应将调用参数减 1，即求 (N-1) 的阶乘，并且当调用参数为 0 时，应停止递归调用。注意必须用到 0!=1 的中间算式。将每次调用的参数相乘得到最后的结果。因每次递归调用时参数都送入栈中，当 N 减为 0 而程序开始返回时，应按嵌套的方式逐层返回，并逐层取出相应的调用参数。

### 五、实验预习要求

(1) 仔细阅读本实验教程及相关教材。

(2) 预习实验提示及相关知识点中的内容。

(3) 复习子程序以及子程序的调用、子程序结构定义的用法。

(4) 根据题目要求在实验前编写好相应的源程序。

## 六、实验步骤及调试

(1) 使用 HQFC 集成开发环境编写源程序。

(2) 对输入的源程序验证无误后，经编译、链接生成可执行文件。

(3) 运行程序，随意给出一些正整数，验证结果。

(4) 若程序运行不正确，则进入调试模式，在程序中设置断点，观察各寄存器和内存中的值，查找出错误并进行修改，直到程序能够正确运行为止。

(5) 反复试验几组数据，验证程序的正确性。

## 七、实验报告要求

(1) 画出程序流程图，整理出运行正确的程序清单，并加适当注释。

(2) 写出程序运行的数据和结果。

(3) 总结子程序嵌套、递归子程序的结构特点。

## 3.4.3 显示学生成绩名次表

### 一、实验目的

(1) 进一步学习分支、循环、子程序调用等基本的程序结构。

(2) 掌握综合程序设计及调试方法。

### 二、实验设备

微型计算机 1 台。

### 三、实验内容

编写程序，将分数为 1~100 之间的 30 个成绩存入首址为 3000H 的单元中，3000H+I 表示学号为 I(I=0，1，2，3，…)的学生成绩。编写程序在 3100H 开始的区域排出名次表，3100H+I 为学号 I 的学生名次。

### 四、编程提示及相关知识

(1) 本实验可分为以下几部分来编写：

① 主程序；

② 输入学生成绩子程序；

③ 排序学生成绩子程序；

④ 输出并显示学生成绩名次子程序。

(2) 在进行学生成绩排序子程序设计时，可采用这样的算法：每次循环结束找出的是分数中的一个最高分，然后把最高分所在的存储单元清零，这样每次主程序调用子程序找出的都是分数中的最高分，子程序参考流程如图 3-5 所示。

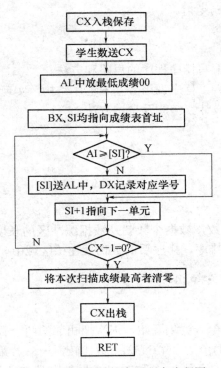

图 3-5  学生成绩排序子程序流程图

## 五、实验预习要求

(1) 仔细阅读本实验教程及相关教材。

(2) 预习实验提示及相关知识点中的内容。

(3) 复习子程序结构定义、子程序调用的相关知识。

(4) 根据题目要求在实验前分段编写好相应的程序段。

## 六、实验步骤及调试

(1) 使用 HQFC 集成开发环境编写源程序。

(2) 对输入的源程序验证无误后，经编译、链接生成可执行文件。

(3) 运行程序，从键盘输入 30 个学生的成绩，观察成绩的排名情况。

(4) 若程序运行不正确，则进入调试模式，在程序中设置断点，观察各寄存器和内存中的值，查找出错误并修改至程序正确运行为止。

(5) 反复试几组数据，验证程序的正确性。

## 七、实验报告要求

(1) 画出程序流程图，整理出运行正确的程序清单，并加适当注释。

(2) 给出运行数据 30 个学生的成绩，并写出显示的成绩排名的结果。

(3) 总结综合程序设计的方法。

### 3.4.4　排序程序设计

#### 一、实验目的

(1) 掌握用汇编语言编写排序程序的思路和方法。
(2) 利用分支、循环、子程序调用等基本程序结构,实现排序程序设计。
(3) 学习综合程序的设计、编制及调试方法。

#### 二、实验设备

微型计算机 1 台。

#### 三、实验内容

在数据区中存放一组数,数据个数就是数据缓冲区的长度,要求用气泡法,对该数据区中的数据按递增关系排序,排序后的数仍放在该区域中。

#### 四、编程提示及相关知识

(1) 设计思想:
① 从最后一个数(或第一个数)开始,依次把相邻的两个数进行比较,即第 N 个数与第(N-1)个数比较,第(N-1)个数与第(N-2)个数比较,…。若第(N-1)个数大于第 N 个数,则两者交换,否则不交换,直到 N 个数的相邻两个数都比较完为止。此时,N 个数中的最小数将被排在 N 个数的最前列。
② 对剩下的(N-1)个数重复第①步,找到(N-1)个数中的最小数。
③重复第②步,直到 N 个数全部排好序为止。
(2) 循环程序包括如下 3 个部分:初始化、循环体、循环控制。

#### 五、实验预习要求

(1) 仔细阅读本实验教程及相关教材。
(2) 预习实验提示及相关知识点中的内容。
(3) 排序程序算法的设计如何实现。
(4) 复习分支程序、循环程序、子程序等相关指令。
(5) 根据题目要求在实验前分段编写好相应的程序段,特别是排序算法子程序。

#### 六、实验步骤及调试

(1) 使用 HQFC 集成开发环境编写源程序。
(2) 对输入的源序验证无误后,经编译、链接生成可执行文件。
(3) 运行程序,观察排序结果。
(4) 若程序运行不正确,进入调试模式,在程序中设置断点,观察各寄存器和内存中的值,查找出错误并修改至程序正确运行为止。
(5) 反复修改几组数据,验证程序的正确性。

## 七、实验报告要求

(1) 画出程序流程图，整理出运行正确的程序清单，并加适当注释。

(2) 给出 20 个无符号数，并写出排序的结果。

(3) 总结排序程序设计的方法。

# 3.4.5 查找电话号码程序设计

## 一、实验目的

(1) 掌握用汇编语言编写排序程序的思路和方法。

(2) 利用分支、循环、子程序调用等基本程序结构，实现排序程序设计。

(3) 学习综合程序的设计及调试方法。

## 二、实验设备

微型计算机 1 台。

## 三、实验内容

完成一个电话号码本程序，要求：

(1) 建立一个可以存放 50 项的电话号码本，每项包括人名(20 个字符)及电话号码(15 个字符)两部分；

(2) 程序可以输入人名或相应的电话号码，并保存在电话号码本里；

(3) 程序完成搜索功能，可以通过输入人名，从电话号码本里查找出其电话号码，然后在屏幕上显示出来，显示格式如下：

```
Name            Phone
******        ************
```

## 四、编程提示及相关知识

程序采用子程序结构，主程序的主要流程如下：

(1) 显示提示符"Please input name:"。

(2) 调用子程序 input_name 接收录入姓名，并把它保存在数据电话本区域中。

(3) 显示提示符"Please input telephone number:"。

(4) 调用子程序 input_number 接收电话号码，并把它存入电话号码表中。

(5) 显示提示符"Input your choice? A. add a new contact. B. search. C. exit"。

(6) 如果输入 A，则重复 1～5 步，输入人名与号码；如果输入 B，则查找联系人号码；如果输入 C，则退出。

(7) 选择 B，则跳转到查找分支，显示"Please input search name?"。

(8) 接收键盘输入，并保存到数据缓冲区。

(9) 调用 search 子程序，在电话本中查找输入人名的电话号码，并显示出来。

(10) 跳转到第 5 步，提示并接收用户输入选择。

## 五、实验预习要求

(1) 仔细阅读本实验教程及相关教材。
(2) 预习实验提示及相关知识点中的内容。
(3) 复习分支程序、循环程序、子程序等相关指令。
(4) 根据题目要求在实验前分段编写好相应的程序。

## 六、实验步骤及调试

(1) 使用 HQFC 集成开发环境编写源程序。
(2) 对输入的源程序验证无误后，经编译、链接生成可执行文件。
(3) 运行程序，观察运行结果。
(4) 若程序运行不正确，则进入调试模式，在程序中设置断点，观察各寄存器和内存中的值，查找出错误并修改至程序正确运行为止。

## 七、实验报告要求

(1) 画出程序流程图，整理出运行正确的程序清单，并加适当注释。
(2) 给出各个子程序的的说明与设计思路。
(3) 总结子程序的设计方法。

# 下篇　微机接口技术实验

# 第 4 章　TPC-ZK 教学实验系统介绍

## 4.1　TPC-ZK 实验台平面图

TPC-ZK 实验台平面图如图 4-1 所示。

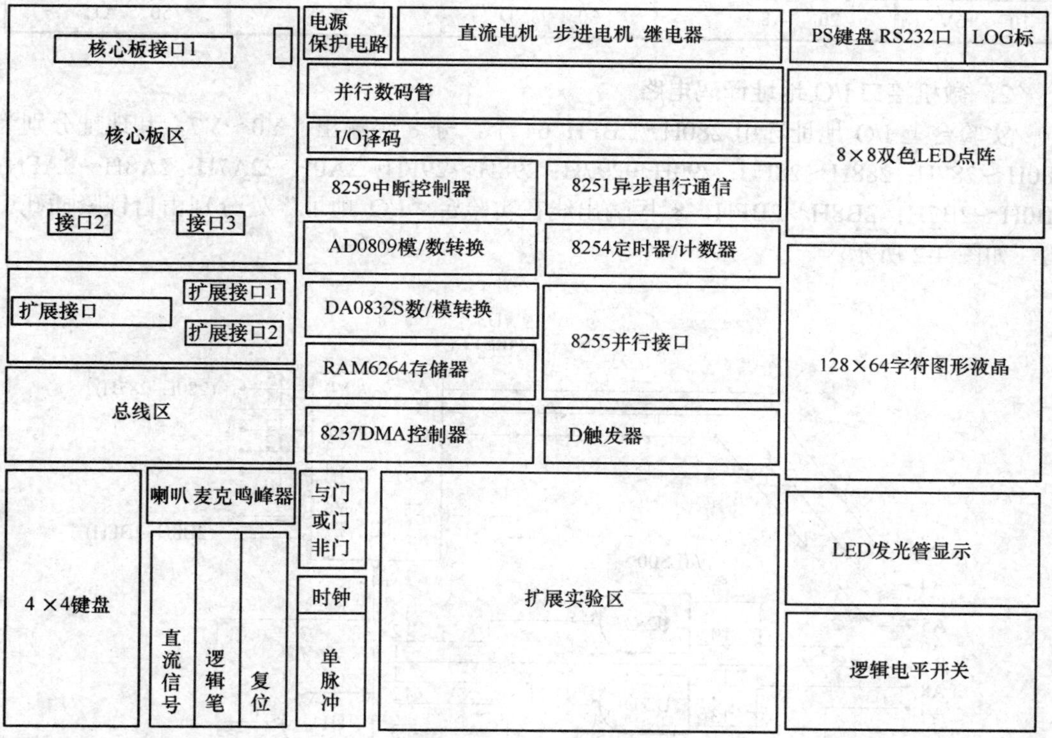

| 核心板接口1 | | 电源保护电路 | 直流电机 步进电机 继电器 | PS键盘 RS232口 | LOG标 |
|---|---|---|---|---|---|
| 核心板区 | | 并行数码管 | | 8×8双色LED点阵 | |
| | | I/O译码 | | | |
| 接口2　　接口3 | | 8259中断控制器 | 8251异步串行通信 | | |
| | | AD0809模/数转换 | 8254定时器/计数器 | | |
| 扩展接口 | 扩展接口1 扩展接口2 | DA0832S数/模转换 | 8255并行接口 | 128×64字符图形液晶 | |
| | | RAM6264存储器 | | | |
| 总线区 | | 8237DMA控制器 | D触发器 | | |
| 4×4键盘 | 喇叭 麦克 鸣峰器 | 与门 或门 非门 | 扩展实验区 | LED发光管显示 | |
| | 直流信号 逻辑笔 复位 | 时钟 | | 逻辑电平开关 | |
| | | 单脉冲 | | | |

图 4-1　TPC-ZK 实验台平面图

## 4.2　各模块电路介绍

**1. 50 芯总线信号插座及总线信号插孔**

50 芯总线信号插座在实验台左上方。各总线信号采用"自锁紧"插孔和 8 芯针方式在标有"总线"的区域引出，有数据线 D0～D7，地址线 A19～A0，I/O 读写信号 IOR、IOW、存储器读写信号 MEMR、MEMW，中断请求 IRQ，DMA 申请 DRQ、DMA 回答 DACK、AEN 等，具体见表 4-1。

表 4-1　扩展总线信号表

| 1 | +5V | 11 | E245 | 21 | A7 | 31 | A1 | 41 | ALE |
|---|---|---|---|---|---|---|---|---|---|
| 2 | D7 | 12 | IOR | 22 | A6 | 32 | GND | 42 | T/C |
| 3 | D6 | 13 | IOW | 23 | A5 | 33 | A0 | 43 | A16 |
| 4 | D5 | 14 | AEN | 24 | +12V | 34 | GND | 44 | A17 |
| 5 | D4 | 15 | DACK | 25 | A4 | 35 | MEMW | 45 | A15 |
| 6 | D3 | 16 | DRQ̇1 | 26 | GND | 36 | MEMR | 46 | A14 |
| 7 | D2 | 17 | IRQ | 27 | A3 | 37 | CLK | 47 | A13 |
| 8 | D1 | 18 | +5V | 28 | -12V | 38 | RST | 48 | A12 |
| 9 | D0 | 19 | A9 | 29 | A2 | 39 | A19 | 49 | A10 |
| 10 | +5V | 20 | A8 | 30 | GND | 40 | A18 | 50 | A11 |

## 2. 微机接口 I/O 地址译码电路

实验台上 I/O 地址选用 280H～2BFH 64 个，分 8 组输出：Y0～Y7，其地址分别为 280H～287H；288H～28FH；290H～297H；298H～29FH；2A0H～2A7H；2A8H～2AFH；2B0H～2B7H；2B8H～2BFH，8 根输出线在实验台"I/O 地址"处分别由自锁紧插孔引出，如图 4-2 所示。

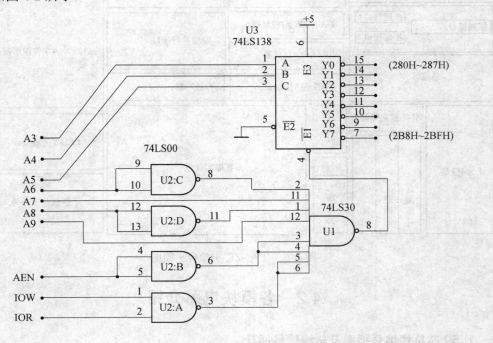

图 4-2　I/O 地址译码电路

### 3. 时钟电路

如图 4-3 所示，可以输出 1MHz、2MHz 两种信号，供模/数转换器(ADC)、定时器/计数器、串行接口实验使用。

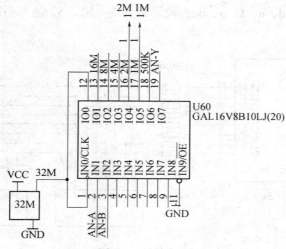

图 4-3  时钟电路

### 4. 逻辑电平开关电路

如图 4-4 所示，实验台右下方设有 8 个开关 K7～K0，开关拨到"1"位置时开关断开，输出高电平，向下打到"0"位置时开关接通，输出低电平，电路中串接了保护电阻，使接口电路不直接与+5V、GND 相连，可有效地防止因误操作、误编程而损坏集成电路的现象。

### 5. LED 显示电路

如图 4-5 所示，实验台上设有 8 个发光二极管及相关驱动电路(输入端 L7～L0)，当输入信号为"1"时发光，为"0"时熄灭。

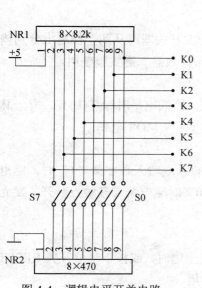

图 4-4  逻辑电平开关电路

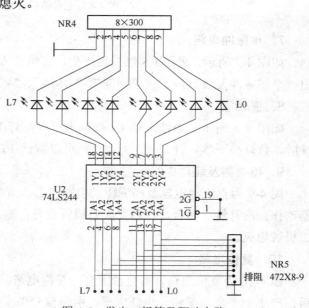

图 4-5  发光二极管及驱动电路

## 6. 七段数码管显示电路

实验台上设有 4 个共阴极七段数码管及驱动电路，如图 4-6 所示(图中省去了 S2、S3 两位数码管)，段码为同相驱动器，位码为反相驱动器，从段码与位码的驱动器输入端(段码输入端：a、b、c、d、e、f、g、dp；位码输入端：S1、S2)输入不同的代码即可显示不同数字或符号。

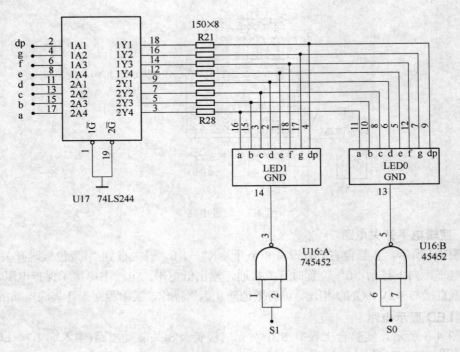

图 4-6　七段数码管显示电路

## 7. 单脉冲电路

如图 4-7 所示，采用 RS 触发器产生，实验者每按一次开关即可从两个插座上分别输出一个正脉冲及负脉冲，供"中断"、"DMA"、"定时器/计数器"等实验使用。

## 8. 逻辑笔

如图 4-8 所示，当输入端 Ui 接高电平时红灯(H)亮，接低电平时绿灯(L)亮。有一脉冲时，黄灯亮一次，计数指示灯加 1。可以测试 TTL 电平和 CMOS 电平。

## 9. 继电器及驱动电路

图 4-9 为直流继电器及相应驱动电路，当其开关量输入端输入数字量"1"时，继电器动作，常开触点闭合，红色发光二极管点亮；输入"0"时继电器常开触点断开，发光二极管熄灭。

## 10. 复位电路

图 4-10 为复位电路，实验台上有一复位电路，能在上电时，或按下复位开关 RESET 后，产生一个高电平和一个低电平，两路信号供实验使用。

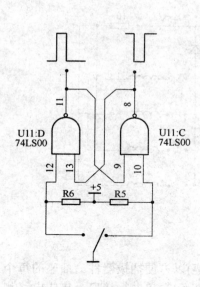

图 4-7 单脉冲电路

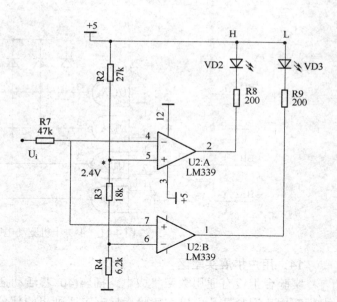

图 4-8 逻辑笔

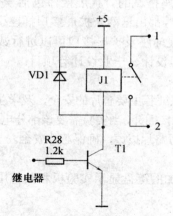

图 4-9 继电器及驱动电路图

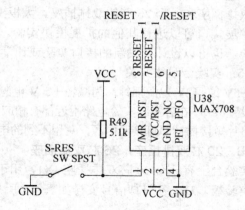

图 4-10 复位电路

### 11．步进电机驱动电路

图 4-11 为步进电机的驱动电路，实验台上使用二相励磁方式驱动步进电机，BA、BB、BC、BD 分别为四个线圈的驱动输入端，输入高电平时，相应线圈通电。

### 12．接口集成电路

实验台上有微机原理及接口实验最常用接口电路芯片，包括可编程定时器/计数器(8254)、可编程并行接口(8255)、数/模转换器(DAC0832)、模/数转换器(ADC0809)、串行异步通信(8251)、RAM 存储器(6264)、中断控制器(8259)等，模块芯片与 CPU 相连的引线除去片选(CS)信号和每个实验模块特有信号外都已连好，与外围电路连接的关键引脚在芯片周围用"自锁紧"插座和 8 芯排线插针引出，供实验使用。

### 13．逻辑门电路

实验台上设有几个逻辑门电路，包括"与门"、"或门"、"非门"、"触发器"供实验时选择使用。

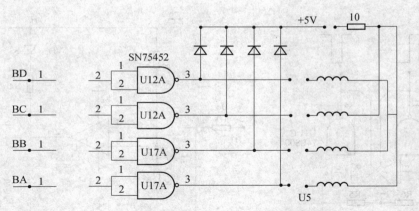

图 4-11　步进电机驱动电路

### 14．用户扩展实验区

实验台上设有通用数字集成电路插座(40 芯活动插座)以方便插拔器件。插座的每个引脚都用自锁紧插孔引出。实验指导书中所列出的部分实验(简单并行接口、集成电路测试等，也可选购为扩展实验模块)电路就是利用活动插座搭试的。扩展接口包括一个 20 芯的双排插座和一个 26 芯的双排插座，大板上基本信号都由这两个扩展接口插座引出，利用扩展接口可以进行其他的扩展模块实验。利用扩展插座及扩展接口可以进行数字电路实验，也可以设计开发新的接口实验或让学生做课程设计、毕业设计等项目。

### 15．实验台跳线开关

+5V 或+12V 电源插针：为减轻+5 V 电源负载和保证各主要芯片的安全，及学生在学习中设置故障。在各主要实验电路附近都有相应的电源连接插针，当实验需要该部分电路时，用短路片短接插针即可接通电源，对用不到的电路可将短路片拔掉，确保芯片安全。

### 16．20 芯双排插座，26 芯双排插座

实验台上有一个 20 芯双排插座 JX1，用于外接附加的键盘显示实验板和其他用户开发的实验板。JX1 各引脚信号安排如表 4-2 所列。

表 4-2　JX1 信号引脚安排

| 引脚 | 2 | 4 | 6 | 8 | 10 | 12 | 14 | 16 | 18 | 20 |
|---|---|---|---|---|---|---|---|---|---|---|
| 信号 | GND | GND | 1MHz | A1 | A0 | IOW | IOR | +5V | +5V | RESET |
| 引脚 | 1 | 3 | 5 | 7 | 9 | 11 | 13 | 15 | 17 | 19 |
| 信号 | CS=2B0H | IRQ | D7 | D6 | D5 | D4 | D3 | D2 | D1 | D0 |

26 芯双排插座各引脚如表 4-3 所列。

表 4-3　26 芯双排插座引脚安排

| 引脚 | 2 | 4 | 6 | 8 | 10 | 12 | 14 | 16 | 18 | 20 | 22 | 24 | 26 |
|---|---|---|---|---|---|---|---|---|---|---|---|---|---|
| 信号 | -12V | GND | MEMW | DACK1 | A3 | A5 | A7 | A9 | A11 | 8M | 1M | CS=2B8H | +12V |
| 引脚 | 1 | 3 | 5 | 7 | 9 | 11 | 13 | 15 | 17 | 19 | 21 | 23 | 25 |
| 信号 | +12V | +5V | MEMR | DRQ1 | A2 | A4 | A6 | A8 | A10 | 32M | 2M | RESET | -2V |

68

## 17. 直流稳压电源

实验箱自备电源，安装在实验大板的下面，交流电源插座固定在实验箱的后侧板上，交流电源开关在实验箱的右侧，交流电源开关自带指示灯，当开关打开时指示灯亮。在实验板右上角有一个直流电源开关，交流电源打开后再把直流开关拨到"开"的位置，直流+5V、+12V、−12V 就加到实验电路上。

主要技术指标：

输入电压：AC 175V～265V。

输出电压/电流：＋5V/2.5A，+12V/0.5A，−12V/0.5A。

输出功率：25W。

## 18. TPC-ZK 实验系统开关及跳线说明

JCS1、JCS2：同时连接 12 时，选择其核心板方式为手动选择，即拨动核心控制板开关 SW2，选择是 TPC-ZK 实验系统大板上面的核心控制板还是大板下面的核心控制板(实验箱内)。同时连接 23 时，选择其核心板方式为自动优先极判断，即只要 TPC-ZK 实验系统大板上面核心区插入了核心控制板，就选择该核心板，自动断开大板下面(实验箱内)的核心板。

JCS3：选择逻辑笔测试输入信号是 CMOS 电平还是 TTL 电平。

JCS4：8×8LED 点阵工作模式：

12 短接时，工作于"非总线"模式。行信号、红色列信号、绿色列信号经过排线分别独立连接到 LED 点阵的行、红色列、绿色列上。

23 短接时，工作于"总线"模式。行信号、红色列信号、绿色列信号经过 LED 总线 D7～D0 和选择信号分别写入行寄存器、红色列寄存器、绿色列寄存器中。

SW1：TPC-ZK 实验系统直流电源开关，向上打开开关，向下关闭实验系统电源。

SW2：大板上核心板工作方式为手动选择时，选择是实验系统大板上面的核心板，还是大板下面(实验箱内)的核心板。

SW3：选择 128×64 字符图形液晶工作模式是并行模式还是串行模式。详细见 128×64 字符图形液晶资料说明。

# 第 5 章　微机接口技术验证性实验

## 实验 5.1　I/O 地址译码

### 一、实验目的

(1) 进一步熟悉 3-8 译码器(74LS138)的使用。
(2) 掌握 I/O 地址译码电路的工作原理。
(3) 复习逻辑门与触发器的使用方法。

### 二、实验仪器与设备

(1) TPC-ZK 微机接口实验系统 1 台。
(2) 微型计算机 1 台。

### 三、实验原理和内容

实验电路如图 5-1 所示，其中 74LS74 为 D 触发器，可直接使用实验台上数字电路实验区的 D 触发器，74LS138 为地址译码器。译码输出端 Y0~Y7 由实验台上"I/O 地址"输出端引出，每个输出端包含 8 个地址，Y0：280H~287H，Y1：288H~28FH，……。当 CPU 执行 I/O 指令且地址在 280H~2BFH 范围内，译码器选中，必有一根译码线输出负脉冲。

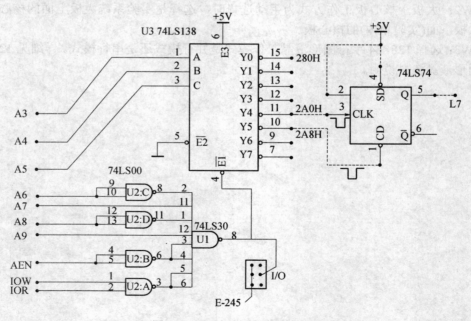

图 5-1　I/O 地址译码实验电路图

例如：执行下面两条指令：

```
MOV  DX,2A0H
OUT  DX,AL(或IN  AL,DX)
```

Y4 输出一个负脉冲，执行下面两条指令：

```
MOV  DX,2A8H
OUT  DX,AL(或IN  AL,DX)
```

Y5 输出一个负脉冲。

利用这个负脉冲控制 L7 闪烁发光(亮、灭、亮、灭……)，时间间隔通过软件延时实现。

## 四、编程提示

(1) 要使译码器电路输出一个负脉冲，必须使用输入或输出指令，并且其他地址为译码器输出的对应地址。对于 Y4 为 2A0H，对于 Y5 为 2A8H。

(2) 实验电路中 D 触发器 CLK 端输入脉冲时，上升沿使 Q 端输出高电平，控制 L7 灯亮，CD 端加低电平，L7 灯灭。

(3) 实现亮、灭、亮、灭……，程序必须循环，而且亮和灭的间隔取决于软件延迟时间(延迟通过一段循环程序实现，通过控制循环次数，使在实验所用的主机频率下，亮、灭显示明显、清晰)。

(4) 程序中最好检查是否有键按下，可用 BIOS 键盘中断 INT 16H 的 1 号功能实现，若有键按下，则停止循环，返回 DOS。

(5) 可以通过改变连至 D 触发器的译码输出线检验译码电路的输出。

(6) 程序流程如图 5-2 所示。

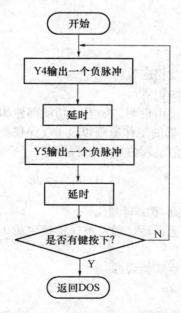

图 5-2　I/O 地址译码程序流程图

(7) 参考程序。

```
OUTPORT1      EQU  2A0H
OUTPORT2      EQU  2A8H
CODE     SEGMENT
         ASSUME  CS:CODE
START:MOV     DX,  OUTPORT1
       OUT    DX,  AL
       CALL   DELAY                 ;调延时子程序
       MOV    DX,  OUTPORT2
       OUT    DX   AL
       CALL   DELAY                 ;调延时子程序
       MOV    AH,  1
       INT    16H
       JE     START
       MOV    AH,  4CH
       INT    21H
DELAY PROC   NEAR                   ;延时子程序
       MOV    BX,  1000
D1:    MOV    CX,  0
D2:    LOOP   D2
       DEC    BX
       JNE    D1
       RET
DELAY  ENDP
       CODE   ENDS
       END    START
```

## 五、预习要求

(1) 仔细阅读本实验教程及相应教材。
(2) 预习实验提示及相关知识点。
(3) 阅读 TPC-ZK 实验台使用说明，熟悉各功能部件和相应引脚在实验台上的位置。
(4) 复习译码器和 D 触发器的工作原理以及 I/O 操作指令的使用。
(5) 按照题目要求在实验前编写好相应的程序段。

## 六、实验步骤

(1) 使用 HQFC 集成开发环境编写源代码。
(2) 对输入的源程序检查无误后，经汇编、链接生成可执行文件。
(3) 按实验要求接好线路。
(4) 运行可执行文件，观察实验现象。

## 七、实验报告要求

(1) 画出程序流程图，整理出运行正确的程序清单，并加适当注释。

(2) 画出实验原理接线图。

(3) 写出程序的运行现象。

# 实验 5.2　简单并行接口

## 一、实验目的

(1) 学习简单并行接口的工作原理及使用方法。

(2) 掌握 D 触发器(74LS273)和缓冲器(74LS244)的原理及使用方法。

## 二、实验仪器与设备

(1) TPC-ZK 微机接口实验系统 1 台。

(2) 微型计算机 1 台。

## 三、实验原理和内容

(1) 按图 5-3 简单并行输出接口电路图连接线路(74LS273 插通用插座，74LS32 用实验台上的"或门")。74LS273 为 8D 触发器，8 个 D 输入端分别接数据总线 D0～D7，8 个 Q 输出端接 LED 显示电路 L0～L7。

(2) 编程从键盘输入一个字符或数字，将其 ASCII 码通过这个输出接口输出，根据 8 个发光二极管的发光情况验证正确性。

(3) 按图 5-4 简单并行输入接口电路图连接电路(74LS244 插通用插座，74LS32 用实验台上的"或门")。74LS244 为 8 缓冲器，8 个数据输入端分别接逻辑电平开关输出 K0～K7，8 个数据输出端分别接数据总线 D0～D7。

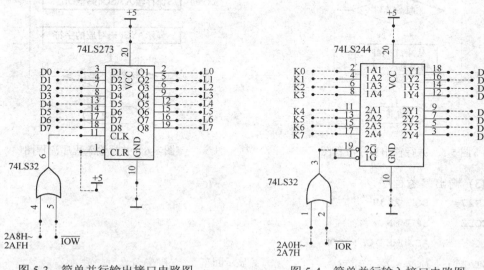

图 5-3　简单并行输出接口电路图　　　　图 5-4　简单并行输入接口电路图

(4) 用逻辑电平开关预置某个字母的 ASCII 码，编程输入这个 ASCII 码，并将其对应字母在屏幕上显示出来。

(5) 接线：

① 输出接口电路。按图 5-3 接线(图中虚线为实验所需接线，74LS32 为实验台逻辑"或门")。

② 输入接口电路。按图 5-4 接线(图中虚线为实验所需接线，74LS32 为实验台逻辑"或门")。

## 四、编程提示

(1) 上述并行输出接口的地址为 2A8H，并行输入接口的地址为 2A0H，通过上述并行接口电路输出数据需要 3 条指令：

```
MOV    AL,    数据
MOV    DX,    2A8H
OUT    DX,    AL
```

通过上述并行接口输入数据需要 2 条指令：

```
MOV    DX,    2A0H
IN     AL,    DX
```

(2) 程序流程图。

用 8D 触发器输出的流程如图 5-5 所示。

用 8 缓冲器输入的流程如图 5-6 所示。

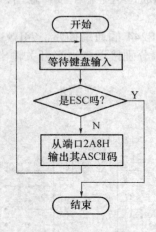

图 5-5　并行输出程序流程图

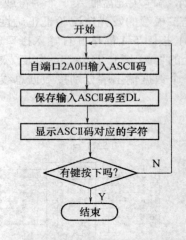

图 5-6　并行输入程序流程图

(3) 输出参考程序。

```
LS273    EQU 2A8H
CODE     SEGMENT
         ASSUME  CS:CODE
START:   MOV    AH, 2          ; 显示回车
         MOV    DL, 0DH
         INT    21H
         MOV    AH, 1          ; 等待键盘输入
```

```
        INT      21H
        CMP      AL, 27              ; 判断是否为ESC键
        JE       EXIT               ; 若是，则退出
        MOV      DX, LS273          ; 若不是，则从2A8H输出其ASCII码
        OUT      DX, AL
        JMP      START              ; 转START
EXIT:MOV         AH, 4CH            ; 返回DOS
        INT      21H
        CODE     ENDS
        END      START
```

(4) 输入参考程序。

```
LS244 EQU          2A0H
CODE   SEGMENT
       ASSUME  CS:CODE
START:MOV    DX, LS244          ; 从2A0H输入一数据
        IN       AL, DX
        MOV      DL, AL             ; 将所读数据保存在DL中
        MOV      AH, 02H
        INT      21H
        MOV      DL, 0DH            ; 显示回车符
        INT      21H
        MOV      DL, 0AH            ; 显示换行符
        INT      21H
        MOV      AH, 06             ; 是否有键按下
        MOV      DL, 0FFH
        INT      21H
        JNZ      EXIT
        JE       START              ; 若无，则转START
EXIT: MOV    AH, 4CH            ; 返回DOS
        INT      21H
CODE   ENDS
        END      START
```

## 五、预习要求

(1) 仔细阅读本实验教程及相关教材。

(2) 预习编程提示及相关知识点。

(3) 阅读有关实验台的开关输入和 LED 显示部分的说明。

(4) 复习 8D 触发器和 8 缓冲器的原理。

(5) 按照题目要求在实验前编写好相应的程序段。

六、实验步骤

(1) 用 HQFC 集成开发环境编写源代码。

(2) 对输入的源程序检查无误后，经汇编、链接生成可执行文件。

(3) 按实验要求连接好线路。

(4) 运行可执行文件，观察实验结果。

七、实验报告要求

(1) 画出程序流程图，整理出运行正确的程序清单，并加适当注释。

(2) 画出实验原理接线图。

(3) 写出程序的运行结果。

(4) 总结简单并行输入输出接口的构成方法。

# 实验 5.3    存储器读写

一、实验目的

(1) 熟悉 6264 静态 RAM 的使用方法，掌握 PC 机外存扩充的方法。

(2) 通过对硬件电路的分析，学习了解总线的工作时序。

二、实验仪器与设备

(1) TPC-ZK 微机接口实验系统 1 台。

(2) 微型计算机 1 台。

三、实验原理与内容

(1) 编制程序，将字符 A～Z 循环写入扩展的 6264RAM 中，写入 100H 个字符，然后再将扩展的 6264RAM 内容读出来显示在主机屏幕上。

(2) 硬件电路如图 5-7 所示(仅供参考，图中 RAM 为 2KB 的 6264)。

(3) 接线:　　/MEMW /总线区　　　接　　MEMW　　 /RAM 存储器

　　　　　　　/MEMR /总线区　　　接　　MEMR　　 /RAM 存储器

　　　　　　　/MEMCS/IO 译码　　接　　CS　　　　/RAM 存储器

四、编程提示

(1) USB 接口模块外扩储器的地址范围为 0D4000H～0D7FFFH。

(2) 通过片选信号的产生方式，确定扩展的 RAM 在微机系统中的地址范围。因为段地址已指定，所以其地址为 CS=A15 and A14 and A13 and A12，实验台上设有地址选择微动开关，拨动开关，可以选择 4000～7FFF 的地址范围。编制程序，从 0D6000H 开始循环写入 100H 个 A～Z。

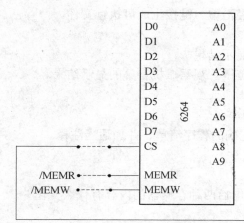

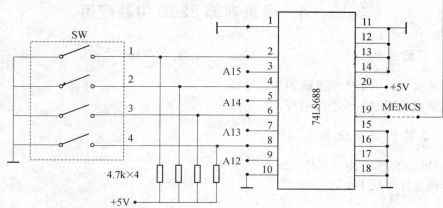

图 5-7　6264 硬件电路图

开关状态如下：

| 1 | 2 | 3 | 4 | 地址 |
|---|---|---|---|---|
| OFF | ON | OFF | OFF | D4000H |
| OFF | ON | ON | OFF | D6000H |

(3) 程序流程如图 5-8 所示。

## 五、预习要求

(1) 阅读本实验教程及相关教材。

(2) 预习编程提示及相关知识点。

(3) 复习 6264 静态存储器的使用方法。

(4) 复习微机 62 芯总线信号的定义。

(5) 按照题目要求在实验前编写好相应的源程序。

## 六、实验步骤及调试

(1) 用 HQFC 集成开发环境编写源代码。

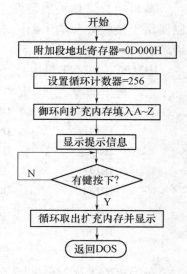

图 5-8　存储器读写参考流程图

(2) 对输入的源程序检查无误后，经汇编、链接生成可执行文件。

(3) 按实验要求连接相关线路。

(4) 程序运行后，观察微机屏幕的显示结果。

(5) 改变开关状态，选择另一地址范围，观察微机屏幕的显示结果。

## 七、实验报告要求

(1) 画出程序流程图，整理出运行正确的程序清单，并加适当注释。

(2) 画出实验原理接线图。

(3) 写出观察到的程序运行结果。

(4) 总结 RAM 和 ROM 的区别，掉电后两种存储器的内容有什么变化？

# 实验 5.4　微机内部 8259 中断应用

## 一、实验目的

(1) 掌握微机中断处理系统的基本原理。

(2) 学习中断服务程序的编写。

## 二、实验仪器与设备

(1) TPC-ZK 微机接口实验系统 1 台。

(2) 微型计算机 1 台。

## 三、实验原理与内容

### 1. 实验原理

微机用户可使用的硬件中断只有可屏蔽中断，由 8259 中断控制器管理。中断控制器用于接收外部的中断请求信号，经过优先级判别等处理后向 CPU 发出可屏蔽中断请求。

IBMPC、PC/XT 机内有一片 8259 中断控制器对外可以提供 8 个中断源：

| 中断源 | 中断类型号 | 中断功能 |
|--------|-----------|---------|
| IRQ0 | 08H | 时钟 |
| IRQ1 | 09H | 键盘 |
| IRQ2 | 0AH | 保留 |
| IRQ3 | 0BH | 串行口 2 |
| IRQ4 | 0CH | 串行口 1 |
| IRQ5 | 0DH | 硬盘 |
| IRQ6 | 0EH | 软盘 |
| IRQ7 | 0FH | 并行打印机 |

对于 PC/AT 及 286 以上的微机又扩展了一片 8259 中断控制器，IRQ2 已用于两片 8259 之间级联，对外提供 16 个中断源：

| 中断源 | 中断类型号 | 中断功能 |
|---|---|---|
| IRQ8 | 070H | 实时时钟 |
| IRQ9 | 071H | 用户中断 |
| IRQ10 | 072H | 保留 |
| IRQ11 | O73H | 保留 |
| IRQ12 | 074H | 保留 |
| IRQ13 | 075H | 协处理器 |
| IRQ14 | 076H | 硬盘 |
| IRQ15 | 077H | 保留 |

TPC-ZK-USB 实验系统总线区的 IRQ 接到了 3 号中断 IRQ3 上，即进行中断实验时，所用中断类型号为 0BH。USB 核心板上的 IR10 接到了 10 号中断 IRQ10 上，所用中断类型为 072H。

**2. 实验内容**

中断 IRQ3 实验，实验电路如图 5-9 所示，用手动产生单脉冲作为中断请求信号(只需连接一根导线)。要求每按一次开关产生一次中断，在屏幕上显示一次"TPCA Interrupt!"，中断 10 次后程序退出。

**3. 接线图**

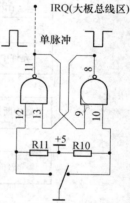

**四、编程提示**

(1) 系统 8259 的初始化编程在微机启动时，由 BIOS 自动完成，用户不需再对其初始化。

BIOS 对系统 8259A 初始化为：

中断触发方式采用边沿触发；

中断屏蔽方式采用常规屏蔽方式；

中断优先级的管理采用完全嵌套即固定优先级方式，IR0 的请求级别最高，IR7 的请求级别最低；

中断结束，采用常规结束方式。

图 5-9　IRQ3 中断接线图

(2) 设置中断向量。用 DOS 功能调用 INT 21H 的 25H 来设置中断向量。

设置中断向量程序段为：

```
MOV    AX, SEG NewFunc
MOV    DS, AX              ; 设置中断向量段地址
MOV    DX, OFFSET NewFunc  ; 设置中断服务程序入口地址
MOV    AL, n               ; n 为中断向量号
MOV    AH, 25H
INT    21H
```

**注意**：入口参数：AL = 中断号，DS:DX = 中断处理程序的入口地址(段地址置入 DS，偏移地址置入 DX)。

(3) 微机中断控制器主片 8259 的端口地址为 20H、21H，编程时需要根据中断类型号设置中断向量，8259 中断屏蔽寄存器 IMR 对应位要清零(允许中断)，中断服务结束返回前要使用中断结束命令：

```
          MOV    AL, 20H
          OUT    20H, AL
```

中断结束返回 DOS 时应将 IMR 对应位置 1，以关闭中断，否则系统无法响应下次中断。

(4) 程序流程如图 5-10 所示。

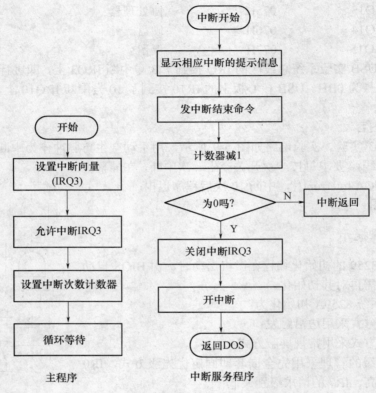

图 5-10    中断 IRQ3 实验流程图

(5) 程序参考代码。

```
DATA     SEGMENT
MESS     DB    'TPCA INTERRUPT!', 0DH, 0AH, '$'
DATA     ENDS
CODE     SEGMENT
         ASSUME CS:CODE, DS:DATA
START:   MOV    AX, CS
         MOV    DS, AX
         MOV    DX, OFFSET INT3
         MOV    AX, 250BH
         INT    21H                          ; 设置IRQ3的中断向量
```

```
        IN      AL, 21H                    ; 读中断屏蔽寄存器
        AND     AL, 0F7H                   ; 开放IRQ3中断
        OUT     21H, AL
        MOV     CX, 10                     ; 记中断循环次数为10次
        STI
STOP:   JMP         STOP
INT3:                                      ; 中断服务程序
        MOV     AX, DATA
        MOV     DS, AX
        MOV     DX, OFFSET MESS
        MOV     AH, 09                     ; 显示每次中断的提示信息
        INT     21H
        MOV     AL, 20H
        OUT     20H, AL                    ; 发出EOI结束中断
        LOOP    NEXT
        IN      AL, 21H
        OR      AL, 08H                    ; 关闭IRQ3中断
        OUT     21H, AL
        STI                                ; 置中断标志位
        MOV     AH, 4CH                    ; 返回DOS
        INT     21H
NEXT:   IRET
CODE    ENDS
        END     START
```

## 五、预习要求

(1) 仔细阅读本实验教程及相关教材。

(2) 预习编程提示及相关知识点。

(3) 复习有关中断的内容，了解微机的中断处理过程。

(4) 复习微机如何通过 8259 实现对外部可屏蔽硬件中断源的管理。

(5) 熟悉 8259 的工作方式及编程方法。

(6) 按照题目要求在实验前编写好相应的源程序。

## 六、实验步骤

(1) 使用 HQFC 集成开发环境编写 IRQ3 中断源程序。

(2) 对输入的源程序检查无误后，经汇编、链接生成可执行文件。

(3) 从单脉冲发生器连一条线到实验台的 IRQ/总线引脚上，作为 3 号中断请求信号。

(4) 程序运行，每按一下单脉冲响应中断服务程序一次，从屏幕上观察执行中断的结果。

七、实验报告要求

(1) 画出程序流程图，整理出运行正确程序清单，并加适当注释。
(2) 写出观察到的程序运行结果。
(3) 写出设置中断向量和获取中断服务程序入口地址的语句。
(4) 总结实验过程中遇到的问题及调试方法，写出心得体会。

# 实验 5.5  8254 定时器／计数器(方式 0)

## 一、实验目的

(1) 了解定时器 8254 的初始化及使用方法。
(2) 熟悉单脉冲发生器和逻辑笔的使用方法。

## 二、实验仪器与设备

(1) TPC-ZK 微机接口实验系统 1 台。
(2) 微型计算机 1 台。

## 三、实验原理和内容

(1) 按图5-11虚线连接电路，将计数器0设置为方式0，计数器初值为N(N≤0FH)，用手动逐个输入单脉冲，编程使计数值在屏幕上显示，并同时用逻辑笔观察OUT0电平变化(当输入(N+1)个脉冲后OUT0变高电平)。

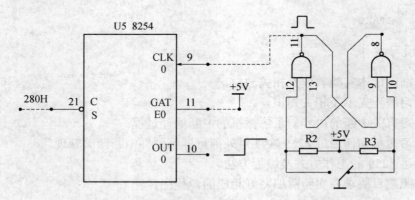

图 5-11  8254 用于计数(计数器 0 设置为方式 0)

(2) 接线：
　　　　CS　　　接　　　Y0 /IO 地址(280H～287H)
　　　　GATE0　接　　　+5V
　　　　CLK0　　接　　　单脉冲
　　　　OUT0　　接　　　逻辑笔

## 四、编程提示

(1) 在 TPC-ZK 平台下，8254 芯片端口地址：

| | |
|---|---|
| 控制寄存器地址 | 283H |
| 计数器 0 地址 | 280H |
| 计数器 1 地址 | 281H |
| 计数器 2 地址 | 282H |

(2) 程序流程如图 5-12 所示。

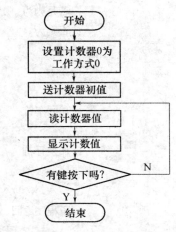

图 5-12　8254 用于计数的程序流程图

(3) 参考程序。

```
IO8254K   EQU   283H
IO8254A   EQU   280H
CODE      SEGMENT
          ASSUME  CS: CODE
START:  MOV   AL, 14H          ; 设置 8254 通道 0 为工作方式 2，二进制计数
        MOV   DX, IO8254K
        OUT   DX, AL
        MOV   DX, IO8254A      ; 送计数初值为 0FH
        MOV   AL, 0FH
        OUT   DX, AL
LLL:    IN    AL, DX           ; 读计数初值
        CALL  DISP             ; 调显示子程序
        PUSH  DX
        MOV   AH, 06H
        MOV   DL, 0FFH
        INT   21H
        POP   DX
```

```
            JZ     LLL
            MOV    AH, 4CH                    ; 退出
            INT    21H
     DISP   PROC   NEAR                       ; 显示子程序
            PUSH   DX
            AND    AL, 0FH                    ; 首先取低四位
            MOV    DL, AL
            CMP    DL, 9                      ; 判断是否<=9
            JLE    NUM                        ; 若是则为 '0' ~ '9'，ASCII 码加 30H
            ADD    DL, 7                      ; 否则为 'A' ~ 'F'，ASCII 码加 37H
     NUM:   ADD    DL, 30H
            MOV    AH, 02H                    ; 显示
            INT    21H
            MOV    DX, 0DH                    ; 加回车符
            INT    21H
            MOV    DL, 0AH                    ; 加换行符
            INT    21H
            POP    DX
            RET                               ; 子程序返回
     DISP   ENDP
     CODE   ENDS
            END    START
```

## 五、预习要求

(1) 仔细阅读本实验教程及相关教材。

(2) 预习编程提示及相关知识点。

(3) 了解实验台单脉冲发生器与逻辑笔的使用方法。

(4) 复习 8254 的初始化编程方法和读取计数值的方法。

(5) 按照题目要求在实验前编写好相应的程序段。

## 六、实验步骤

(1) 用 HQFC 集成开发环境编写源代码。

(2) 对输入的源程序检查无误后，经汇编、链接生成可执行文件。

(3) 按实验要求正确连接好线路。

(4) 程序运行后，按一下单脉冲，观察逻辑笔是否有变化，屏幕上是否有当前的计数值，如果没有，检查程序并进行调试。

## 七、实验报告要求

(1) 画出程序流程图，整理出运行正确结果的程序清单，并加适当注释。

(2) 画出实验原理接线图。

(3) 写出程序运行后在屏幕上显示的结果。

(4) 根据实验结果，分析 8254 方式 0 的计数特点。

# 实验 5.6　可编程并行接口(8255 方式 0)

## 一、实验目的

(1) 掌握可编程并行接口 8255 的基本工作原理。

(2) 学习 8255 的初始化编程方法。

(3) 熟悉 8255 工作于方式 0 以及 A 口为输出口、C 口为输入口的设置方法。

## 二、实验仪器与设备

(1) TPC-ZK 微机接口实验系统 1 台。

(2) 微型计算机 1 台。

## 三、实验原理与内容

(1) 按照图 5-13 连接实验电路，8255 的 C 口连接逻辑电平开关的输出 K0～K7，A 口接 LED 显示电路的输入 L0～L7。

(2) 编写程序，要求从 8255 的 C 口输入数据，再从 A 口输出，然后根据 8 个发光二极管的发光情况验证结果。

## 四、编程提示

(1) 8255 芯片在 TPC-ZK 平台下的端口地址：

　　　　控制寄存器地址　　　　28BH
　　　　A 口的地址　　　　　　288H
　　　　C 口的地址　　　　　　28AH

(2) 程序流程如图 5-14 所示。

(3) 参考程序。

```
K8255   EQU    28BH
A8255   EQU    288H
C8255   EQU    28AH
CODE    SEGMENT
        ASSUME  CS: CODE
START:  MOV    DX, K8255          ; 设置 8255 为 C 口输入，A 口输出
        MOV    AL, 8BH
        OUT    DX, AL
INOUT:  MOV    DX, C8255          ; 从 C 口输入一数据
        IN     AL, DX
```

```
        MOV    DX, A8255          ; 从 A 口输出刚才自 C 口所输入的数据
        OUT    DX, AL
        MOV    DL, 0FFH           ; 判断是否有按键
        MOV    AH, 06H
        INT    21H
        JZ     INOUT              ; 若无，则继续自 C 口输入，A 口输出
        MOV    AH, 4CH            ; 否则返回 DOS
        INT    21H
CODE    ENDS
        END    START
```

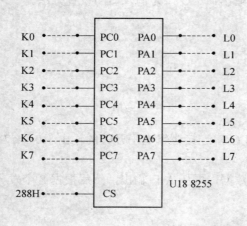

图 5-13　8255 接线示意图

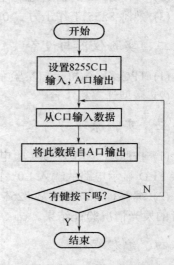

图 5-14　程序参考流程

## 五、预习要求

(1) 仔细阅读本实验教程及相应教材。

(2) 预习编程提示及相关知识点中的内容。

(3) 复习 8255 并行接口的工作原理和初始化方法。

(4) 按照题目要求在实验前编写好相应的程序段。

## 六、实验步骤

(1) 用 HQFC 集成开发环境编写源代码。

(2) 对输入的源程序检查无误后，经汇编、链接生成可执行文件。

(3) 按实验要求连接好线路。

(4) 运行可执行文件，观察 C 口的输入和 A 口的输出结果。

## 七、实验报告要求

(1) 画出程序流程图，整理出运行正确的程序清单，并加适当注释。

(2) 画出实验原理接线图。

(3) 写出程序的运行结果。

(4) 简要说明简单的 I/O 接口芯片与可编程接口芯片的区别。

# 实验 5.7   模/数(A/D)转换器

## 一、实验目的

(1) 掌握 ADC0809 接口电路与微机的硬件电路连接方法。

(2) 掌握 ADC0809 接口电路的程序设计和调试方法。

## 二、实验仪器与设备

(1) TPC-ZK 微机接口实验系统 1 台。

(2) 微型计算机 1 台。

## 三、实验原理与内容

### 1. 实验原理

(1) 本实验采用 ADC0809 做 A/D 转换实验，ADC0809 是一种 8 路模拟输入、8 位数字输出的逐次逼近法 A/D 器件，适合于多路数据采集。ADC0809 片内有三态输出的数据锁存器，故可以与 8088 微机总线直接接口。

(2) 实验电路原理图如图 5-15 所示。通过实验台上的电位器输出 0～5V 直流电压送入 ADC0809 通道。

### 2. 实验内容

编写程序，从 ADC0809 通道采集电位器 0～5V 的直流电压，调节电位器，以改变模拟电压值，屏幕上不断地显示当前电压值 A/D 转换结果(用十六进制数表示)。

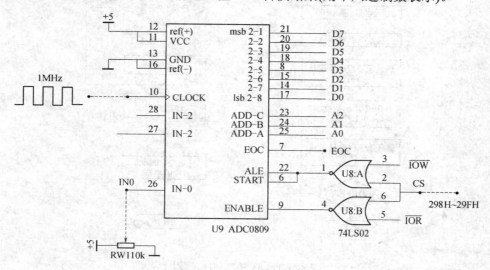

图 5-15   ADC0809 A/D 转换电路

## 四、编程提示

(1) TPC-ZK 平台下 ADC0809 通道 IN0～IN7，端口地址为 298H～29FH。

(2) 通道单极性输入电压与转换后数字的关系为：

$$N = \frac{U_i}{U_{REF}/256}$$

式中：$U_i$ 为输入电压；$U_{REF}$ 为参考电压，参考电压为+5V 电源。

模拟量与数字量的对应关系典型值为+5V 为 FFH，2.5V 为 80H，0V 为 00H。

(3) 程序启动 A/D 转换，通过延时等待转换完成，读入转换后的结果，然后调用显示子程序在屏幕上显示转换的结果。

A/D 转换启动并读取转换后结果程序段如下：

```
        MOV   DX,  端口地址
        OUT   DX,  AL        ；启动转换
        MOV   CX,  0FFH      ；延时
DELAY:  LOOP  DELAY
        MOV   DX,  端口地址
        IN    AL,  DX        ；读取转换结果放在 AL 中
```

(4) A/D 转换程序流程图。

① 主程序的流程如图 5-16(a)所示。

② 显示子程序的流程如图 5-16(b)所示。

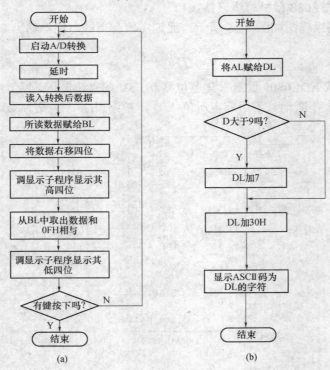

图 5-16  A/D 转换程序流程图

(a) 主程序；(b) 显示子程序。

## 五、预习要求

(1) 阅读本实验教程及相关教材。
(2) 预习编程提示及相关知识点。
(3) 复习 A/D 转换的原理，复习 ADC0809 的结构和引脚以及与 CPU 的接口方法。
(4) 按照题目要求在实验前编写好相应的程序段。

## 六、实验步骤

(1) 用 HQFC 集成开发环境编写源代码。
(2) 对输入的源程序检查无误后，经汇编、链接生成可执行文件。
(3) 按实验要求连接好线路。
(4) 程序运行时旋动电位器改变电压值，从通道上采集其电压值，观察屏幕上数据的变化。

## 七、实验报告要求

(1) 画出程序流程图，整理出运行正确的程序清单，并加适当注释。
(2) 画出实验原理接线图。
(3) 写出观察到的程序运行结果。
(4) 整理实验的结果，把测量的输入模拟电压与数字显示列出表格，验证输入电压与转换后的数字量之间是否呈线性关系，是否符合编程提示中给出的公式。

# 实验 5.8　数/模(D/A)转换器

## 一、实验目的

(1) 了解数/模转换器的基本原理。
(2) 掌握 DAC0832 芯片的使用方法。

## 二、实验仪器与设备

(1) TPC-ZK 微机接口实验系统 1 台。
(2) 微型计算机 1 台。
(3) 示波器 1 台。

## 三、实验原理与内容

(1) 实验电路原理如图 5-17 所示。DAC0832 采用单缓冲方式，电路具有单、双极性输入端(图中的 $U_a$、$U_b$)。利用 debug 输出命令(O 290，数据)输出数据给 DAC0832，用万用表测量单极性输出端 $U_a$ 及双极性输出端 $U_b$ 的电压，验证数字与电压之间的线性关系，是否符合编程提示中给出的公式。
(2) 编写程序，产生锯齿波和正弦波波形，并用示波器从 $U_b$ 输出点观察。

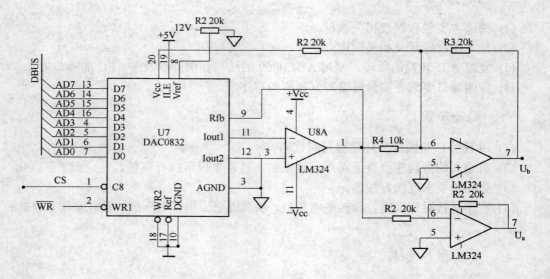

图 5-17　DAC0832 D/A 转换实验电路原理图

(3) 接线：　　　CS　　接　　　Y2 /IO 地址(290H～297H)

## 四、编程提示

(1) D/A 转换器 DAC0832 的口地址为 290H。

(2) 输入数据与输出电压的关系为：

$$U = -\frac{U_{REF}}{256} \times N$$

$$U = -\frac{U_{REF}}{256} \times N\text{-}5$$

式中：$U_{REF}$ 表示参考电压；N 表示数据；微机参考电压为 + 5 V 电源。

(3) 产生锯齿波只需将输出到 DAC0832 的数据由 0 循环递增，到最大值 FFH 后突降为 0。产生正弦波可根据正弦函数建立一个正弦数字量表(80H、96H、0AEH、0C5H、0D8H、0E9H、0F5H、0FDH、0FFH、0FDH、0F5H、0E9H、0D8H、0C5H、0AEH、096H、80H、66H、4EH、38H、25H、15H、09H、04H、00H、04H、09H、15H、25H、38H、4EH、66H)，取值范围为一个周期，表中数据个数在 16 个以上。

(4) 程序流程图。能够产生锯齿波和正弦波的程序流程分别如图 5-18(a)和(b)所示。

## 五、预习要求

(1) 仔细阅读本实验教程及相关教材。

(2) 预习编程提示及相关知识点。

(3) 复习 D/A 转换器的工作原理和 DAC0832 的结构与使用方法。

(4) 按照题目要求在实验前编写好相应的程序段。

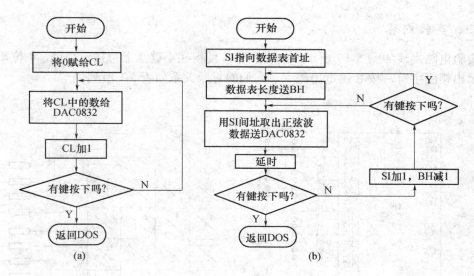

图 5-18 D/A 转换程序流程图
(a) 锯齿波；(b) 正弦波。

## 六、实验步骤

(1) 用 HQFC 集成开发环境编写源代码。
(2) 对输入的源程序检查无误后，经汇编、链接生成可执行文件。
(3) 按实验要求连接好线路。
(4) 运行程序，用示波器观察其波形是否符合编程提示给出的公式。

## 七、实验报告要求

(1) 画出程序流程图，整理出运行正确的程序清单，并加适当注释。
(2) 画出实验原理接线图。
(3) 整理实验的结果，画出示波器观察到的波形，验证是否符合编程提示给出的公式。
(4) 小结 D/A 转换器的工作原理以及编程方法。
(5) 考虑若要通过 DAC0832 产生方波或梯形波应该如何编程。

# 实验 5.9　键盘显示控制

## 一、实验目的

(1) 了解键盘阵列结构，学会读取按键的方法。
(2) 掌握 8255 控制键盘及显示电路的基本功能及编程方法。

## 二、实验设备

(1) TPC-ZK 微机接口实验系统 1 台。
(2) 微型计算机 1 台。

### 三、实验内容

实验电路接线如图 5-19 所示。编写程序,使得在小键盘上每按一个键,4 位数码管上显示出相应字符,按 E 键退出程序。它们的对应关系如表 5-1 所列。

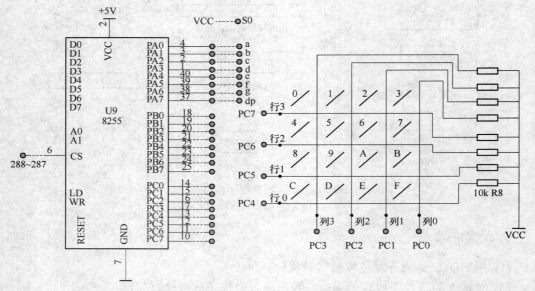

图 5-19 键盘显示控制实验接线图

表 5-1 按键与数码管显示字符的对应关系

| 小键盘 | 显示 | 小键盘 | 显示 |
|---|---|---|---|
| 0 | 0 | C | C |
| 1 | 1 | D | D |
| 2 | 2 | E | E |
| 3 | 3 | F | F |
| 4 | 4 | | |
| 5 | 5 | | |
| 6 | 6 | | |
| 7 | 7 | | |
| 8 | 8 | | |
| 9 | 9 | | |
| A | A | | |
| B | B | | |

### 四、编程提示

(1) 识别键盘上的闭合键,通常采用行扫描法或行翻转法。

① 行扫描法。行扫描法是使键盘上某一行线为低电平，而其余行线接高电平，然后读取列值；如果列值中有某位为低电平，则表明行列交点处的键被按下；否则扫描下一行，直到扫完全部的行线为止。

② 行翻转法。行翻转法识别闭合键时，要将行线接一个并行口，先让它工作在输出方式，将列线也接到一个并行口，先让它工作在输入方式；程序通过输出端口向全部行线上送低电平，然后读取列线的值；如果此时有某一键被按下，则必定会使某一列线值为零，程序再对两个并行端口进行方式设置，使行线工作在输入方式，列线工作在输出方式，并且将刚才读到的列线值从列线所接的并行端口输出，再读取行线上的值；那么，在闭合键所在的行线上的值必定为零。这样，当一个键被按下时，必定可以读到一对唯一的行值和列值。

(2) 在程序设计时，可将各个键对应的代码(列值，行值)放在一个表中，程序通过查表来确定具体按下的为哪一个键。

(3) 设置 8255 C 口为键盘控制端口、A 口为数码管段码输出端口。

(4) 在 TPC-ZK 平台下，8255 芯片的端口地址：

| | |
|---|---|
| 控制寄存器地址 | 28BH |
| A 口的地址 | 288H |
| B 口的地址 | 289H |
| C 口的地址 | 28AH |

(5) 参考流程如图 5-20 所示。

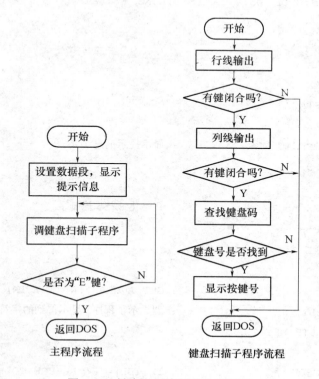

图 5-20　键盘显示控制参考流程图

(6) 参考程序。

```
A8255    EQU 288H    ; 8255 A口
C8255    EQU 28AH    ; 8255 C口
K8255    EQU 28BH    ; 8255 控制口
DATA     SEGMENT
TABLE1   DW 0770H, 0B70H, 0D70H, 0E70H, 07B0H, 0BB0H, 0DB0H, 0EB0H
         DW 07D0H, 0BD0H, 0DD0H, 0ED0H, 07E0H, 0BE0H, 0DE0H, 0EE0H    ; 键盘扫描码表
LED      DB 3FH, 06H, 5BH, 4FH, 66H, 6DH, 7DH, 07H, 7FH, 6FH, 77H, 7CH
         DB 39H, 5EH, 79H, 71H, 0FFH ; LED 段码表, 0,1,2,3,4,5,6,7,8, 9, A, B, C, D, E, F
CHAR     DB '0123456789ABCDEF'    ; 字符表
MES      DB 0AH, 0DH, 'PLAY ANY KEY IN THE SMALL KEYBOARD!', 0AH, 0DH
         DB 'IT WILL BE ON THE SCREEN! END WITH E', 0AH, 0DH, '$'
KEY_IN   DB   0H
DATA     ENDS
STACKS   SEGMENT STACK                      ; 堆栈空间
         DB 100 DUP (?)
STACKS   ENDS
CODE     SEGMENT
         ASSUME CS:CODE, DS:DATA, SS:STACKS, ES:DATA
START:   CLI
         MOV AX, DATA
         MOV DS, AX
         MOV ES, AX
         MOV AX, STACKS
         MOV SS, AX
         MOV DX, OFFSET MES               ; 显示提示信息
         MOV AH, 09
         INT 21H
         MOV DX, K8255                    ; 初始化 8255 控制字
         MOV AL, 81H
         OUT DX, AL
MAIN_KEY:
         CALL KEY                         ; GET A CHAR IN (KEY_IN) AND DISPLAY IT
         CALL DISPLY                      ; 调显示子程序, 显示得到的字符
         CMP BYTE PTR KEY_IN, 'E'
         JNZ MAIN_KEY
         MOV AX, 4C00H                    ; IF (DL)='E' RETURN TO EXIT!
         INT 21H                          ; 退出
```

94

```
        KEY         PROC NEAR
    KEY_LOOP:
            MOV AH, 1
            INT 16H
            JNZ EXIT                    ; 微机键盘有键按下则退出
            MOV DX, C8255
            MOV AL, 0FH
            OUT DX, AL
            IN  AL, DX                  ; 读行扫描值
            AND AL, 0FH
            CMP AL, 0FH
            JZ  KEY_LOOP                ; 未发现有键按下则转
            CALL DELAY                  ; DELAY FOR AMOMENT
            MOV AH, AL
            MOV DX, K8255
            MOV AL, 88H
            OUT DX, AL
            MOV DX, C8255
            MOV AL, AH
            OR  AL, 0F0H
            OUT DX, AL
            IN  AL, DX                  ; 读列扫描值
            AND AL, 0F0H
            CMP AL, 0F0H
            JZ  KEY_LOOP                ; 未发现有键按下则转
            MOV SI, OFFSET TABLE1       ; 键盘扫描码表首址
            MOV DI, OFFSET CHAR         ; 字符表首址
            MOV CX, 16                  ; 待查表的表大小
    KEY_TONEXT:
            CMP AX, [SI]                ; CMP (COL, ROW) WITH EVERY WORD
            JZ  KEY_FINDKEY             ; IN THE TABLE
            DEC CX
            JZ  KEY_LOOP                ; 未找到对应扫描码
            ADD SI, 2
            INC DI
            JMP KEY_TONEXT
    KEY_FINDKEY:
            MOV DL, [DI]
```

```
            MOV AH, 02
            INT 21H                              ; 显示查找到的键盘码
            MOV BYTE PTR KEY_IN, DL
KEY_WAITUP:
            MOV DX, K8255
            MOV AL, 81H
            OUT DX, AL
            MOV DX, C8255
            MOV AL, 0FH
            OUT DX, AL
            IN  AL, DX                           ; 读行扫描值
            AND AL, 0FH
            CMP AL, 0FH
            JNZ KEY_WAITUP                        ; 按键未抬起转
            CALL DELAY                            ; DELAY FOR AMOMENT
            RET
EXIT:       MOV BYTE PTR KEY_IN, 'E'
            RET
KEY     ENDP
DELAY   PROC NEAR
            PUSH AX                              ; DELAY 50ms～100ms
            MOV  AH, 0
            INT  1AH
            MOV  BX, DX
DELAY1: MOV  AH, 0
            INT  1AH
            CMP  BX, DX
            JZ   DELAY1
            MOV  BX, DX
DELAY2: MOV  AH, 0
            INT  1AH
            CMP  BX, DX
            JZ   DELAY2
            POP  AX
            RET
DELAY   ENDP
DISPLY  PROC NEAR
            PUSH AX
```

```
        MOV BX, OFFSET LED
        MOV AL, BYTE PTR KEY_IN
        SUB AL, 30H
        CMP AL, 09H
        JNG DIS2
        SUB AL, 07H
DIS2:   XLAT
        MOV DX, A8255
        OUT DX, AL                    ; 输出显示数据, 段码
        POP AX
        RET
DISPLY  ENDP
CODE    ENDS
        END START
```

## 五、预习要求

(1) 仔细阅读本实验教程及相关教材。

(2) 预习编程提示及相关知识点中的内容。

(3) 按照题目要求在实验前编写好相应的程序段。

## 六、实验步骤

(1) 使用 HQFC 集成开发环境编写源程序。

(2) 对输入的源程序检查无误后, 经汇编、链接生成可执行文件。

(3) 按实验要求连接好线路。

(4) 程序运行时, 每按一次实验台上的小键盘, 观测数码管上显示的字符是否与所按键盘一致。

## 七、实验报告要求

(1) 画出程序流程图, 整理出运行正确程序清单, 并加适当注释。

(2) 画出实验原理接线图。

(3) 总结 8255 控制键盘及显示电路的基本功能及编程方法, 写出调试过程及心得体会。

# 实验 5.10  8251 串行通信

## 一、实验目的

(1) 了解串行通信的基本原理;

(2) 掌握串行接口芯片 8251 的工作原理和编程方法。

## 二、实验仪器与设备

(1) TPC-ZK 微机接口实验系统 1 台。

(2) 微型计算机 1 台。

## 三、实验原理与内容

(1) 按图 5-21 连接串行通信电路，串行接口芯片 8251 插在通用插座上。其中 8254 计数器用于产生 8251 的发送和接收时钟，TXD 和 RXD 连在一起。

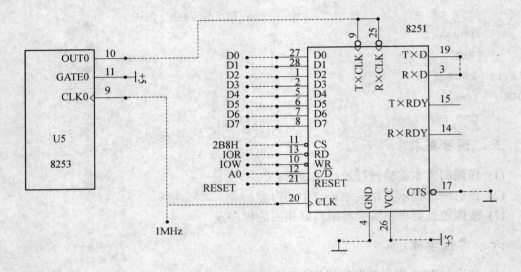

图 5-21 串行通信实验电路

(2) 编写程序，要求实现自发自收，即从键盘输入一个字符，将其 ASCII 码加 1 后发送出去，再接收回来在屏幕上显示。

(3) 接线：

| | | | |
|---|---|---|---|
| CLK0 | /8254 | 接 | 1MHz 时钟 |
| GATE0 | /8254 | 接 | +5V |
| 0UT0 | /8254 | 接 | TX/RXCLK /8251 |
| CS | /8254 | 接 | Y0 /IO 地址(280H～287H) |
| CS | /8251 | 接 | Y7 /IO 地址(2B8H～2BFH) |
| RXD | /8251 | 接 | TXD /8251 |

## 四、编程提示

(1) 在 TPC-ZK 平台下，串行接口芯片 8251 的控制口地址为 2B9H，数据口地址为 2B8H。收发采用查询方式。

(2) 8254 计数器的计数初值=时钟频率 /(波特率×波特率因子)，这里的时钟频率接 1MHz，波特率若选 1200，波特率因子若选 16，则计数器初值为 52。

(3) 收发采用查询方式。

(4) 程序流程如图 5-22 所示。

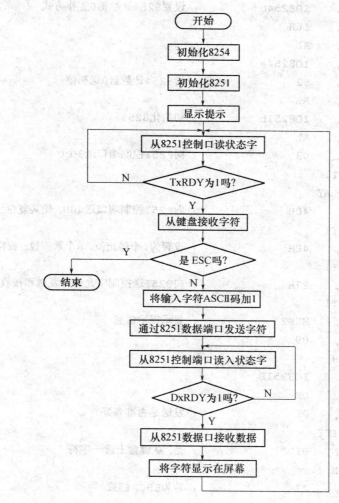

图 5-22　串行通信程序流程图

流程图内容：
开始 → 初始化8254 → 初始化8251 → 显示提示 → 从8251控制口读状态字 → TxRDY为1吗？（N返回，Y继续）→ 从键盘接收字符 → 是ESC吗？（Y结束，N继续）→ 将输入字符ASCII码加1 → 通过8251数据端口发送字符 → 从8251控制端口读入状态字 → DxRDY为1吗？（N返回，Y继续）→ 从8251数据口接收数据 → 将字符显示在屏幕

(5) 参考程序。

```
DATA      SEGMENT
IO8254A   EQU   280H
IO8254B   EQU   283H
IO8251A   EQU   2B8H
IO8251B   EQU   2B9H
MES1      DB    'YOU CAN PRESS A KEY ON THE KEYBORD!', 0DH, 0AH, 24H
MES2      DD    MES1
DATA      ENDS
CODE      SEGMENT
          ASSUME  CS:CODE, DS:DATA
START:    MOV AX, DATA
```

99

```
          MOV    DS,    AX
          MOV    DX,    IO8254b        ; 设置8254计数器0工作方式
          MOV    AL,    16H
          OUT    DX,    AL
          MOV    DX,    IO8254a
          MOV    AL,    52             ; 给8254计数器0送初值
          OUT    DX,    AL
          MOV    DX,    IO8251b        ; 初始化8251
          XOR    AL,    AL
          MOV    CX,    03             ; 向8251控制端口送3个0
DELAY:    CALL   OUT1
          LOOP   DELAY
          MOV    AL,    40H            ; 向8251控制端口送40H, 使其复位
          CALL   OUT1
          MOV    AL,    4EH            ; 设置为1个停止位, 8个数据位, 波特率因子为16
          CALL   OUT1
          MOV    AL,    27H            ; 向8251送控制字允许其发送和接收
          CALL   OUT1
          LDS    DX,    MES2           ; 显示提示信息
          MOV    AH,    09
          INT    21H
WAITI:    MOV    DX,    IO8251B
          IN     AL,    DX
          TEST   AL,    01             ; 发送是否准备好
          JZ     WAITI
          MOV    AH,    01             ; 是, 从键盘上读一字符
          INT    21H
          CMP    AL,    27             ; 若为ESC, 结束
          JZ     EXIT
          MOV    DX,    IO8251A
          INC    AL
          OUT    DX,    AL             ; 发送
          MOV    CX,    40H
S51:      LOOP   S51                   ; 延时
NEXT:     MOV    DX,    IO8251B
          IN     AL,    DX
          TEST   AL,    02             ; 检查接收是否准备好
          JZ     NEXT                  ; 没有, 等待
          MOV    DX,    IO8251A
          IN     AL,    DX             ; 准备好, 接收
          MOV    DL,    AL
          MOV    AH,    02             ; 将接收到的字符显示在屏幕上
```

100

```
                INT   21H
                JMP   WAITI
EXIT:           MOV   AH,   4CH          ；退出
                INT   21H
OUT1            PROC  NEAR                ；向外发送1字节的子程序
                OUT   DX,   AL
                PUSH  CX
                MOV   CX,   40H
GG:             LOOP  GG                 ；延时
                POP   CX
                RET
OUT1            ENDP
CODE            ENDS
                END   START
```

## 五、预习要求

(1) 仔细阅读本实验教程及相关教材。

(2) 预习编程提示及相关知识点。

(3) 复习串行通信的特点以及 8251 的编程方法。

(4) 按照题目要求在实验前编写好相应的程序段。

## 六、实验步骤

(1) 用 HQFC 集成开发环境编写源代码。

(2) 对输入的源程序检查无误后，经汇编、链接生成可执行文件。

(3) 按实验要求连接好线路。

(4) 运行程序，从键盘输入一个字符，观察屏幕上是否接收到该字符。

## 七、实验报告要求

(1) 画出程序流程图，整理出运行正确的程序清单，并加适当注释。

(2) 画出实验原理接线图。

(3) 写出程序的运行结果。

(4) 考虑若对 8251 发送和接收的字符进行偶校验，则程序应该如何编写(选做)。

# 实验 5.11  DMA 传送

## 一、实验目的

(1) 掌握微机工作环境下进行 DMA 方式数据传送的方法(Block Mode：块传送；Demand Mode：外部请求传送)。

(2) 掌握 DMA 的编程方法。

## 二、实验仪器与设备

(1) TPC-ZK 微机接口实验系统 1 台。

(2) 微型计算机 1 台。

## 三、实验原理和内容

按照图5-23将实验箱RAM存储器连接好。编程将RAM存储器缓冲区D4000H，偏移量为0的一块数据循环写入字符A～Z，用Block Mode DMA方式传送到RAM存储器缓冲区D4200H上，并查看送出的数据是否正确。

## 四、编程提示

(1) 接线：

| CS | /6264 | 接 | IO 地址区 MEMCS |
|---|---|---|---|
| MEMR | /6264 | 接 | 总线区/MEMR |
| MEMW | /6264 | 接 | 总线区/MEMW |

IO 地址上的拨码开关设置为 0100，设置存储地址为 D4000H。

(2) 在汇编程序中，为避免与系统 8237 有冲突，TPC-USB 模块上的 8237 端口范围为 10H～1FH，即按通常模式进行 DMA 编程时，对 8237 所有端口均加 10H。

(3) 程序流程如图 5-24 所示。

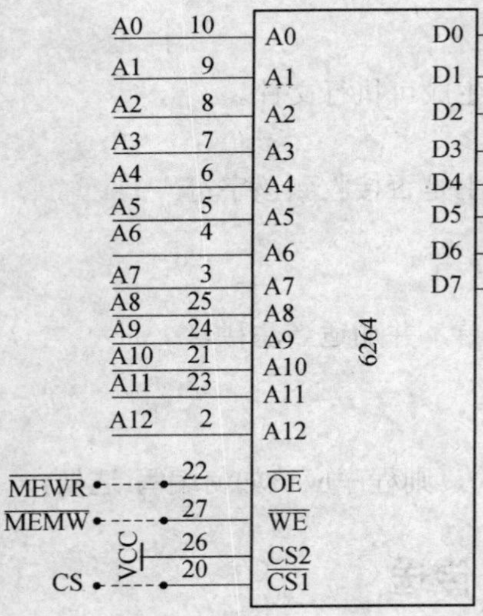

图 5-23　6264 芯片接线图

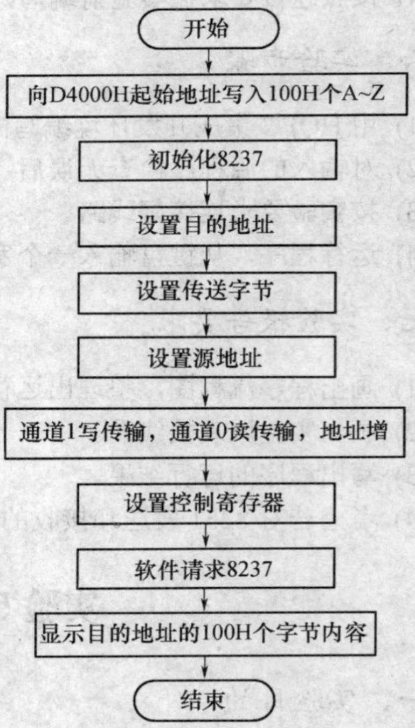

图 5-24　块传送参考流程图

(4) 块传送参考程序。

CODE　　　SEGMENT

```
        ASSUME      CS:CODE
START:MOV   AX,  0D000H
      MOV   ES,  AX
      MOV   BX,  4000H
      MOV   CX,  100H
      MOV   DL,  40H
REP1:INC    DL
      MOV   ES:[BX], DL
      INC   BX
      CMP   DL,  5AH
      JNZ   SS1
      MOV   DL,  40H
SS1:LOOP    REP1
      MOV   DX,  18H            ;关闭8237
      MOV   AL,  04H
      OUT   DX,  AL
      MOV   DX,  1DH            ;复位
      MOV   AL,  00H
      OUT   DX,  AL
      MOV   DX,  12H            ;写目的地址低位
      MOV   AL,  00H
      OUT   DX,  AL
      MOV   DX,  12H            ;写目的地址高位
      MOV   AL,  42H
      OUT   DX,  AL
      MOV   DX,  13H            ;传送字节数低位
      MOV   AL,  00H
      OUT   DX,  AL
      MOV   DX,  13H            ;传送字节数高位
      MOV   AL,  01H
      OUT   DX,  AL
      MOV   DX,  10H            ;源地址低位
      MOV   AL,  00H
      OUT   DX,  AL
      MOV   DX,  10H            ;源地址高位
      MOV   AL,  40H
      OUT   DX,  AL
      MOV   DX,  1BH            ;通道1写传输, 地址增
```

```
        MOV    AL,    85H
        OUT    DX,    AL
        MOV    DX,    1BH              ; 通道0读传输, 地址增
        MOV    AL,    88H
        OUT    DX,    AL
        MOV    DX,    18H              ; DREQ低电平有效, 存储器到存储器, 开启8237
        MOV    AL,    41H
        OUT    DX,    AL
        MOV    DX,    19H              ; 通道1请求
        MOV    AL,    04H
        OUT    DX,    AL
        MOV    CX,    0F000H
DELAY:LOOP    DELAY
        MOV    AX,    0D000H
        MOV    ES,    AX
        MOV    BX,    04200H
        MOV    CX,    0100H
REP2:  MOV    DL,    ES:[BX]
        MOV    AH,    02H
        INT    21H
        INC    BX
        LOOP   REP2
        MOV    AX,    4C00H
        INT    21H
CODE  ENDS
        END    START
```

## 五、预习要求

(1) 阅读本实验教程及相关教材。

(2) 预习编程提示及相关知识点。

(3) 复习 DMA 传送的方法和 8237DMA 控制器的编程方法。

(4) 按照题目要求在实验前根据程序流程图编写好相应的源程序。

## 六、实验步骤

(1) 用 HQFC 集成开发环境编写源代码。

(2) 对输入的源程序检查无误后, 经汇编、链接生成可执行文件。

(3) 按实验要求连接好线路。

(4) 运行程序, 观察屏幕输出结果。

七、实验报告要求

(1) 画出程序流程图，整理出运行正确的程序清单，并加适当注释。
(2) 画出实验原理接线图。、
(3) 写出观察到的程序运行结果。
(4) DMA 有哪些传送方式? DMA 操作有哪些基本方法?

# 第6章　微机接口技术设计性实验

## 实验 6.1　8255 并行接口与交通灯控制

### 一、实验目的

(1) 掌握可编程 I/O 接口芯片 8255 的工作方式及其编程方法。

(2) 通过并行接口 8255 实现十字路口交通灯的模拟控制,进一步掌握并行接口的使用。

### 二、实验仪器与设备

(1) TPC-ZK 微机接口实验系统 1 台。

(2) 微型计算机 1 台。

### 三、实验内容

编写程序,模拟交通信号灯工作状态,利用实验台上的 8255 并行接口芯片的 3 个端口中任意一端口,控制两组红、黄、绿 6 个发光二极管按照十字路口交通灯的规律交替亮、灭变化,当按下任意键则停止运行,并返回 DOS。

### 四、设计思路

#### 1. 相关知识

(1) 8255 是一种通用的可编程并行接口芯片,8255 内部有 3 个 8 位的并行 I/O 端口,即 A 口、B 口和 C 口。

(2) 8255 的工作方式。8255 有 3 种工作方式,即方式 0、方式 1 和方式 2;它通过对控制寄存器写入不同的控制字来确定 3 种不同的工作方式。

方式 0 是基本的输入/输出方式,该方式下的 A 口 8 位和 B 口 8 位可以由输入的控制字决定为输入或输出,C 口分为高 4 位(PC4～PC7)和低 4 位(PC0～PC3)两组,也由控制字决定其输入或输出。需要注意的是在该方式下,只能将 C 口其中一组的 4 位全部置为输入或输出。

(3) 8255 控制字各位的含义如表 6-1 所列。

表 6-1　8255 控制字表

| 1 | D6 | D5 | D4 | D3 | D2 | D1 | D0 |
|---|---|---|---|---|---|---|---|
| 标识位 | A 组方式选择:<br>00—方式 0<br>01—方式 1<br>1X—方式 2 | | 端口 A:<br>1—输入<br>0—输出 | PC7～PC4<br>1—输入<br>0—输出 | B 组方式选择:<br>0—方式 0<br>1—方式 1 | 端口 B:<br>1—输入<br>0—输出 | PC3～PC0<br>1—输入<br>0—输出 |

(4) 8255 的端口 C 置位/复位控制字如表 6-2 所列。

表 6-2  8255 端口 C 置位/复位控制表

| 0 | X | X | X | D3 | D2 | D1 | D0 |
|---|---|---|---|----|----|----|----|
| 标识位 | | | | PC0—000<br>PC1—001<br>PC2—010<br>PC3—011 | PC4—100<br>PC5—101<br>PC6—110<br>PC7—111 | | 1—置位<br>0—复位 |

## 2. 实验电路说明

8255 并行接口芯片有 3 个 8 位数据端口，实验台上的 8255 模块电路如图 6-1 所示，参考接线如图 6-2 所示。

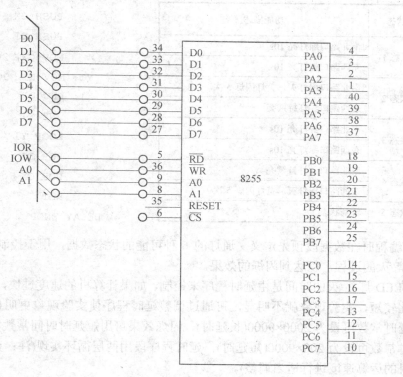

图 6-1  8255 并行接口电路图

若用 C 口作为十字路口模拟交通灯的控制时，则作为南北路口的交通灯，分别与并行接口 8255 的引脚 PC7、PC6、PC5 相连，作为东西路口的交通灯，分别与并行接口 8255 的引脚 PC2、PC1、PC0 相连。

## 3. 编程提示

(1) 编程时应设定好 8255 的工作模式，使端口均工作于方式 0，处于输出状态。

(2) 要完成本实验，首先必须了解交通信号灯的亮灭规律。十字路口交通灯的变化规律要求见表 6-3。

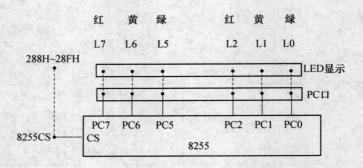

图 6-2　参考接线图

表 6-3　十字路口交通灯状态表

延时程序段参考如下：

| 状态 | 功能描述 |
|------|----------|
| 状态 1 | 南北路口绿灯亮 10s |
| | 东西路口红灯亮 10s |
| 状态 2 | 南北路口绿灯灭，黄灯闪烁 5 次 |
| | 东西路口红灯持续亮 |
| 状态 3 | 南北路口红灯亮 10s |
| | 东西路口绿灯亮 10s |
| 状态 4 | 南北路口红灯持续亮 |
| | 东西路口绿灯灭，黄灯闪烁 5 次 |
| 状态 5 | 转到状态 1 |

```
DELAY PROC NEAR
    PUSH CX
    PUSH DI
    MOV CX, 2000
Y1: MOV DI, 9000
X1: DEC DI
    JNZ X1
    LOOP Y1
    POP DI
    POP CX
    RET
DELAY ENDP
```

　　(3) 编程时在数据段预先定义交通灯的 6 种可能的状态数据，用于控制 3 次亮/灭、亮/灭、亮/灭的过程，以达到闪烁的效果。

　　(4) LED 灯亮/灭的时间是由延时程序来控制，如果计算机的速度过快，LED 灯的亮/灭时间比较短，实验现象就不明显，可通过调整延时程序使实验现象更明显。红、绿灯亮灭的延时常数可设为 2000×9000(长延时)，闪烁效果可用短延时时间常数实现，黄灯亮灭的延时常数可设为 200×9000(短延时)，延时程序段用两层循环实现(注：延时常数可根据计算机的运算速度进行适当调整)。

　　(5) 发光二极管为共阴极，使其点亮应使 8255A 相应端口的相应位送 1，否则送 0。

　　(6) 8255 芯片在 TPC-ZK 平台下的端口地址：

　　　　控制寄存器地址　　　　28BH
　　　　A 口的地址　　　　　　288H
　　　　B 口的地址　　　　　　289H
　　　　C 口的地址　　　　　　28AH

## 五、预习要求

(1) 阅读本实验教程及相关教材。

108

(2) 预习编程提示及相关知识点。

(3) 复习 8255 方式 0 的工作原理、初始化编程方法。

(4) 按照题目要求在实验前编写好相应的源程序。

## 六、实验步骤及调试

(1) 用 HQFC 集成开发环境编写源代码。

(2) 对输入的源程序检查无误后，经汇编、链接生成可执行文件。

(3) 按实验要求正确连接好线路。

(4) 程序运行后，观察发光二极管的亮/灭是否按交通灯规律变化。

(5) 改变延时程序的常数，观察输出的变化情况，并记录其结果。

## 七、实验报告要求

(1) 画出程序流程图，整理出运行正确的程序清单，并加适当注释。

(2) 画出实验原理接线图。

(3) 写出观察到的程序运行结果。

(4) 当用 C 口为输入、A 口为输出时，试写出 8255 的初始化控制字。

(5) 总结实现延时和改变延时时间的方法。

# 实验 6.2　8254 可编程定时/计数器

## 一、实验目的

(1) 掌握可编程 8254 定时/计数器的各种工作方式，进一步熟悉 8254 的编程方法。

(2) 熟悉使用逻辑笔或示波器观察 8254 的工作状态。

## 二、实验仪器与设备

(1) TPC-ZK 微机接口实验系统 1 台。

(2) 微型计算机 1 台。

## 三、实验内容

编写程序，利用实验台上的 8254 定时器对 1MHz 时钟脉冲进行分频，产生频率为 1Hz 的方波信号，并用逻辑笔(或示波器)观察 OUT1 输出电平的变化，要求输入、输出波形如图 6-3 所示。

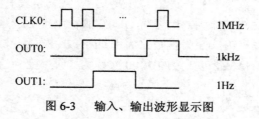

图 6-3　输入、输出波形显示图

## 四、设计思想

### 1. 相关知识

(1) 8254 是一个可编程通用定时/计数器,对 8254 芯片编程时,应首先向控制寄存器写入控制字,以选择计数器及工作方式,然后对选中的计数器按照要求进行预置初值。

(2) 8254 控制字各位的含义如表 6-4 所列。

表 6-4　8254 控制字表

| SC1 | SC0 | RW2 | RW1 | M2 | M1 | M0 | 数制选择 |
|---|---|---|---|---|---|---|---|
| 选择计数器 | | 00:锁存 | | 模式选择 | | | |
| 00:计数器 0 | | 01:只读/写低 8 位 | | 000:模式 0 | 001:模式 1 | | 1:BCD 码 |
| 01:计数器 1 | | 10:只读/写高 8 位 | | 010:模式 2 | 011:模式 3 | | 0:用二进制 |
| 10:计数器 2 | | 11:先读/写低 8 位 | | 100:模式 4 | 101:模式 5 | | |
| 11:非法 | | 再读/写高 8 位 | | | | | |

### 2. 实验电路说明

由于 $N=10^6 > 65536$,所以必须使用两个计数器通道串联才能实现。CLK0 可取实验台上提供的 1MHz 的时钟脉冲,通过两个计数器分频后得到 1Hz 的脉冲,用逻辑笔(或示波器)观察 OUT1 输出电平的变化(频率 1Hz),在实验台上的 8254 模块电路如图 6-4 所示。

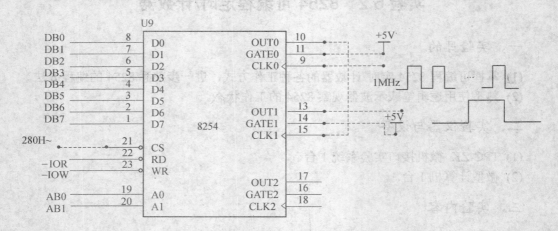

图 6-4　8254 定时计数器电路

### 3. 编程提示

(1) 将计数器 0、计数器 1 分别设置为方式 3,计数初值设置为 1000。

① 计数器选用方式 3 的原因:因要将 OUT0 的输出接 CLK1,所以输出最好为占空比为 1:1 的方波,而只有方式 3 为占空比为 1:1 的方波。

② 初始信号为 1MHz,经过 2 级的 1000 次计数,频率变为原来的 1/1000000 倍,即 1Hz。

(2) 8254 芯片在 TPC-ZK 平台下的端口地址:

控制寄存器地址： 283H
计数器 0 地址： 280H
计数器 1 地址： 281H
计数器 2 地址： 282H

## 五、预习要求

(1) 阅读本实验教程及相关教材。
(2) 预习编程提示及相关知识点。
(3) 复习 8254 的工作原理、各种计数方式、计数初值及 GATE 对计数器的影响。
(4) 复习 8254 的初始化编程方法和读取计数值的方法。
(5) 按照题目要求在实验前编写好相应的源程序。

## 六、实验步骤及调试

(1) 用 HQFC 集成开发环境编写源代码。
(2) 对输入的源程序检查无误后，经汇编、链接生成可执行文件。
(3) 按实验要求连接好线路。
(4) 程序运行后，观察逻辑笔的闪烁情况。
(5) 改变 CLK0 的输入脉冲频率为 2MHz 时，观察输出频率的变化，记录其结果。
(6) 改变程序中的计数器的初值(大或小)，观察输出频率的变化，记录其结果。

## 七、实验报告要求

(1) 画出程序流程图，整理出运行正确的程序清单，并加适当注释。
(2) 画出实验原理接线图。
(3) 写出观察到的程序运行结果。
(4) 当 CLK0 的输入脉冲频率为 2MHz 时，计数初值为 1000，OUT1 输出频率为多少？

# 实验 6.3  可编程 8255 与七段数码管

## 一、实验目的

(1) 进一步熟悉可编程并行接口 8255 方式 0 的使用。
(2) 掌握 LED 七段数码管显示数字的原理。

## 二、实验仪器与设备

(1) TPC-ZK 微机接口实验系统 1 台。
(2) 微型计算机 1 台。

## 三、实验内容

(1) 编写程序，要求从键盘输入一位十进制数字(0～9)，在七段数码管上正确显示出来，输入其他字符则程序返回 DOS。

(2) 编写程序，要求在两个数码管上显示数字"56"(选做)。

## 四、设计思路

### 1．相关知识

LED 七段数码管由发光二极管组成，可分为两种，一种是共阳极，另一种是共阴极。LED 的结构如图 6-5 所示。

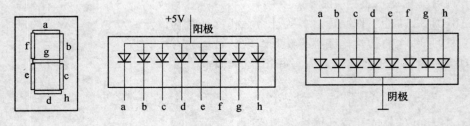

图 6-5    LED 七段数码管结构图

实验台设有 4 个共阴极数码管及驱动电路，电路图如图 6-6(图中省去了 S2、S3 二位数码管)所示。段码输入端：a、b、c、d、e、f、g、dp，位码输入端：S0、S1、S2、S3。

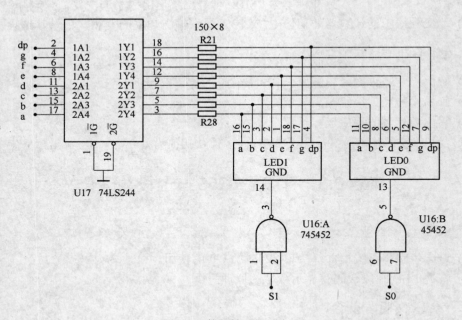

图 6-6    数码管及驱动电路

### 2．实验电路说明

(1) 静态显示。按图 6-7 连接好七段数码管静态显示实验电路，将可编程并行接口 8255 的 A 口 PA0～PA7 分别与七段数码管的段码驱动输入端 a～dp 相连，位码驱动输入端 S0 接+5V；S1、S2、S3、DP 接地(关闭)。

(2) 动态显示。按图 6-8 连接好七段数码管动态显示实验电路，七段数码管段码连接不变，位码驱动输入端 S3、S2、S1、S0 分别连接可编程并行接口 8255 的 C 口 PC3、PC2、PC1、PC0，数码管上显示数字"56"。

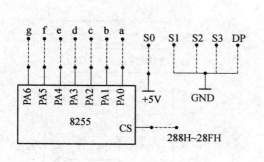

图 6-7　静态显示电路接线图

图 6-8　动态显示电路接线图

## 3．编程提示

(1) 实验台上的七段数码管为共阴极接法，段码采用同相驱动方式，输入端加高电平时被选中的数码管亮；位码加反相驱动器，位码输入端为高电平表示该位被选中；使其各段点亮应使 8255 的数据端口送 1。

(2) 实验台上的七段数码管为共阴型，段码采用同相驱动，输入端加高电平，选中的数码管亮，位码加反相驱动器，位码输入端高电平选中。七段数码管的字型代码表如表 6-5 所列。

表 6-5　七段数码管的字型代码表

| 显示字形 | g | e | f | d | c | b | a | 段码 |
|---|---|---|---|---|---|---|---|---|
| 0 | 0 | 1 | 1 | 1 | 1 | 1 | 1 | 3fh |
| 1 | 0 | 0 | 0 | 0 | 1 | 1 | 0 | 06h |
| 2 | 1 | 0 | 1 | 1 | 0 | 1 | 1 | 5bh |
| 3 | 1 | 0 | 0 | 1 | 1 | 1 | 1 | 4fh |
| 4 | 1 | 1 | 0 | 0 | 1 | 1 | 0 | 66h |
| 5 | 1 | 1 | 0 | 1 | 1 | 0 | 1 | 6dh |
| 6 | 1 | 1 | 1 | 1 | 1 | 0 | 1 | 7dh |
| 7 | 0 | 0 | 0 | 0 | 1 | 1 | 1 | 07h |
| 8 | 1 | 1 | 1 | 1 | 1 | 1 | 1 | 7fh |
| 9 | 1 | 1 | 0 | 1 | 1 | 1 | 1 | 6fh |

(3) 静态显示参考流程如图 6-9 所示。动态显示参考流程如图 6-10 所示。

(4) 在 TPC-ZK 平台下，8255 芯片的端口地址：

控制寄存器地址　　　　　28BH

A 口的地址　　　　　　　288H

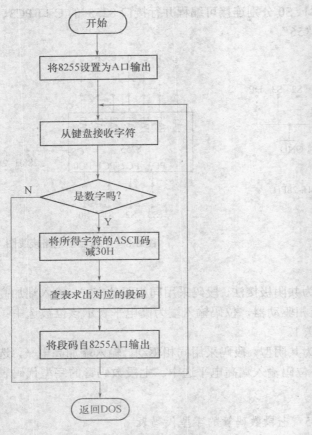

图 6-9　静态显示程序参考流程图

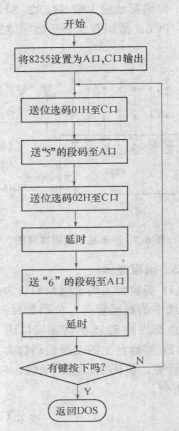

图 6-10　动态显示程序参考流程图

B 口的地址　　　　　　　289H

C 口的地址　　　　　　　28AH

## 五、预习要求

(1) 仔细阅读本实验教程及相应教材。

(2) 预习编程提示及相关知识点中的内容。

(3) 仔细阅读实验台上七段数码管的工作原理。

(4) 按照题目要求在实验前编写好相应的源程序。

## 六、实验步骤及调试

(1) 使用 HQFC 集成开发环境编写源程序。

(2) 对输入的源程序检查无误后，经汇编、链接生成可执行文件。

(3) 按实验要求将七段数码管的段码驱动输入端 a～g 与 8255 数据端口相接。

(4) 程序运行，从键盘输入一个数字，观察数码管显示的数字是否与输入的数字一致。

## 七、实验报告要求

(1) 画出程序流程图，整理出运行正确程序清单，并加适当注释。

(2) 画出实验原理接线图。

(3) 写出观察到的程序运行结果。

(4) 如果实验台上的七段数码管改为共阳极接法，试写出七段数码管的字型代码。

(5) 小结七段数码管显示数字的编程方法。

# 实验 6.4  竞赛抢答器

## 一、实验目的

(1) 了解竞赛抢答器的基本原理。

(2) 进一步学习使用并行接口。

## 二、实验仪器与设备

(1) TPC-ZK 微机接口实验系统 1 台。

(2) 微型计算机 1 台。

## 三、实验内容

编写程序，利用实验台上的逻辑开关 K0～K7 代表 0～7 号竞赛抢答器按钮，当某个逻辑电平开关置 "1" 时，对应某组抢答按钮按下。在七段数码管上将其组号(0～7)显示出来，并使微机扬声器响一下，程序运行结束返回 DOS。

## 四、设计思路

### 1. 相关知识

可参考实验 6.2 和实验 6.3。

### 2. 实验电路说明

图 6-11 为竞赛抢答器(模拟)实验电路的原理图。七段数码管的 S1 接+5V，其他位接地。

### 3. 编程提示

(1) 8255 为 C 口输入、A 口输出，读取 C 口数据，若为 0 则表示无人抢答，若不为 0 则表示有人抢答。根据读取数据可判断其组号。从键盘上按空格键开始下一轮抢答，按其他键程序退出。

(2) 在 TPC-ZK 平台下，8255 芯片的端口地址：

控制寄存器地址　　　　28BH

A 口的地址　　　　　　288H

C 口的地址　　　　　　28AH

(3) 程序流程如图 6-12 所示。

115

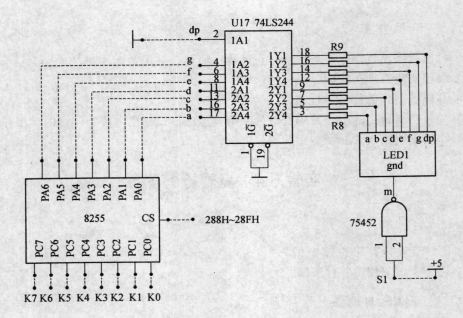

图 6-11 竞赛抢答器实验电路

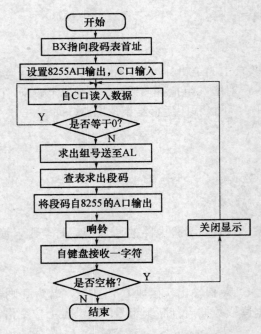

图 6-12 竞赛抢答器程序流程图

## 五、预习要求

(1) 仔细阅读本实验教程及相关教材。

(2) 预习编程提示及相关知识点。

(3) 复习 8255 并行接口显示七段数码管的原理。

(4) 按照题目要求在实验前编写好相应的程序段。

## 六、实验步骤及调试

(1) 使用 HQFC 集成开发环境编写源程序。

(2) 对输入的源程序检查无误后，经汇编、链接生成可执行文件。

(3) 按实验要求连接好线路。

(4) 运行可执行文件，观察七段数码管的显示结果。

(5) 如果显示不正确，检查程序看七段数码管的编码是否正确，接线是否连好。

## 七、实验报告要求

(1) 画出程序流程图，整理出运行正确程序清单，并加适当注释。

(2) 画出实验原理接线图。

(3) 写出程序的运行结果。

(4) 小结在微机上实现竞赛抢答器的方法。

# 实验 6.5　扩展中断控制器 8259A

## 一、实验目的

(1) 熟悉中断屏蔽寄存器 IMR 和中断寄存器 ISR 等的使用方法。

(2) 掌握 8259A 的初始化编程及工作方式编程。

## 二、实验仪器与设备

(1) TPC-ZK 微机接口实验系统 1 台。

(2) 微型计算机 1 台。

## 三、实验内容

采用查询方式，按单脉冲请求一次中断，屏幕上显示对应的中断请求号。

中断0(IR0)：mess1 db 'Hello! This is interrupt　　　*　0　*!', 0dh, 0ah, '$'

中断1(IR1)：mess2 db 'Hello! This is interrupt　　　*　1　*!', 0dh, 0ah, '$'

中断2(IR2)：mess3 db 'Hello! This is interrupt　　　*　2　*!', 0dh, 0ah, '$'

## 四、设计思路

### 1. 相关知识

在有多个中断源的系统中，8259A 用于接受外部的中断请求，并进行判断，选中当前优先级最高的中断请求，再将此请求送到 CPU 的 INTR 端；当 CPU 响应中断并进入中断子程序的处理过程后，中断控制器仍负责对外部中断请求的管理。

8259A 的编程命令有：

(1) 初始化命令字(ICW1～ ICW4)，用于确定 8259A 的工作方式，初始化时按顺序写入 8259A。各命令字的作用如下：

ICW1：设置触发方式、是否级联、是否要 ICW4；

ICW2：设置 IR0～IR7 对应的中断类型号；

ICW3：设置主/从片的级联方式；

ICW4：确定自动/非自动结束方式、连接总线方式(缓冲/非缓冲)、主/从片、优先级方式。

(2) 操作命令字(OCW1～ OCW3)，用于 8259A 工作过程中，对 8259A 进行动态控制，写入时无顺序要求。各命令字的作用如下：

OCW1：开放/屏蔽中断请求 IRi；

OCW2：用于结束中断和设置优先级方式；

OCW3：设置/屏蔽特殊结束方式；设置中断查询方式；读内部寄存器(ISR、IRR)。

**2．实验电路说明**

图 6-13 为扩展 8259 接线图。

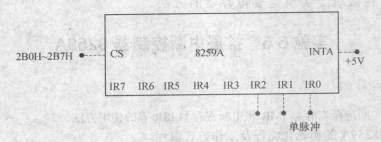

图 6-13　扩展 8259 接线图

**3．编程提示**

(1) 8259A 初始化编程：

① 初始化 8259A 的 ICW1 为边沿触发、单片 8259A、需要 ICW4；

② 初始化 8259A 的 ICW2，设置 IR0～IR7 对应的中断类型号；

③ 由于是单片 8259A，ICW3 不需要进行设置；

④ ICW4 确定为非自动结束方式、非缓冲方式。

(2) 8259A 工作方式编程：

① 在对 8259A 进行初始化编程后，它已做好了接收中断的准备请求输入的准备。工作命令字可在 8259A 已经初始化以后的任何时间写入。

② 向 8259A 的 OCW1 对应位置 0，表示对应的中断允许使用。

③ 向 8259A 的 OCW3 发送查询命令，读中断服务寄存器 ISR，查询中断状态字是否有中断请求。如果有，转到对应的中断服务程序去执行，否则继续查询等待。

④ 由于是非自动中断结束方式，故每响应一次中断，当中断服务完成从中断服务程序返回之前，必须向 8259A 的 OCW3 发送输送中断结束命令。

**4．端口地址说明**

在 TPC-ZK 平台下，8259A 芯片编程使用的端口地址为：2B0H，2B1H。

5. 参考流程如图 6-14 所示。

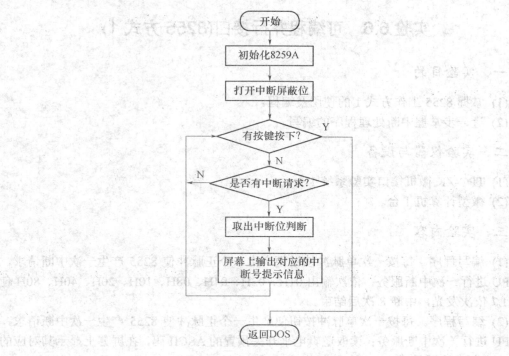

图 6-14　扩展 8259 参考流程图

五、预习要求

(1) 仔细阅读本实验教程及相关教材。

(2) 预习编程提示及相关知识点。

(3) 复习有关中断的内容,熟悉 8259A 的工作方式及编程。

(4) 按照题目要求在实验前编写好相应的源程序。

六、实验步骤

(1) 使用 HQFC 集成开发环境编写源程序。

(2) 对输入的源程序检查无误后,经汇编、链接生成 EXE 可执行文件。

(3) 按照接线图连接好电路。

(4) 从单脉冲发生器分别接一条线到扩展 8259A 的 IR0、IR1、IR2 引脚上,作为中断请求信号。

(5) 程序运行,按单脉冲请求一次中断,观察屏幕上是否显示对应的中断请求号信息。

七、实验报告要求

(1) 画出程序流程图,整理出运行正确程序清单,并加适当注释。

(2) 画出实验原理接线图。

(3) 写出观察到的程序运行结果。

(4) 总结 8259A 的初始化编程及工作方式编程方法。

# 实验 6.6　可编程并行接口(8255 方式 1)

## 一、实验目的

(1) 掌握 8255 工作方式 1 的使用及编程。

(2) 进一步掌握中断处理程序的编写。

## 二、实验仪器与设备

(1) TPC-ZK 微机接口实验系统 1 台。

(2) 微型计算机 1 台。

## 三、实验内容

(1) 编写程序。每按一次单脉冲按钮便产生一个正脉冲使 8255 产生一次中断请求，让 CPU 进行一次中断服务：依次输出 01H、02H、04H、08H、10H、20H、40H、80H 使 L0～L7 依次发光，中断 8 次后结束。

(2) 编写程序。每按一次单脉冲按钮便产生一个正脉冲使 8255 产生一次中断请求，让 CPU 进行一次中断服务：读取逻辑电平开关预置的 ASCII 码，在屏幕上显示其对应的字符，中断 8 次后结束。

## 四、设计思路

### 1. 相关知识

8255 方式 1 是一种选通的 I/O 方式，它将 3 个端口分为 A、B 两组，端口 A 和 C 中的 PC3、PC4、PC5 或 PC3、PC6、PC7 三位为一组，端口 B 和端口 C 的 PC0～PC2 三位为一组，端口 C 中余下的两位仍可作为输入或输出用，由方式控制字中的 D3 来设定。端口 A 和 B 都可以由程序设定为输入或输出。此时端口 C 的某些位作为控制状态信号，用于联络和中断，其各位的功能是固定的，不能用程序改变。

### 2. 实验电路说明

(1) 按图 6-15(a)8255 方式 1 的输出电路连接好线路。

(2) 按图 6-15(b)8255 方式 1 输入电路，连接好线路(选做)。

### 3. 编程提示

(1) 方式 1 主要是为中断应答式数据传送而设计的。在这种方式下，端口 A 和端口 B 仍作为数据的输出口或输入口，同时，固定 C 口的某些位作为联络信号，C 口的其他位仍可做数据位使用。

(2) 在 TPC-ZK 平台下，8255 芯片的端口地址：

| | |
|---|---|
| 控制寄存器地址 | 28BH |
| A 口的地址 | 288H |
| B 口的地址 | 289H |
| C 口的地址 | 28AH |

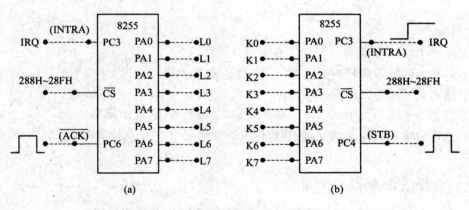

图 6-15　8255 方式 1 输出及输入电路

(a) 输出电路；(b) 输入电路。

(3) 可编程并行接口 8255 方式 1 输出和方式 1 输入均分为主程序和中断服务程序两部分。输出时的程序流程如图 6-16 所示。

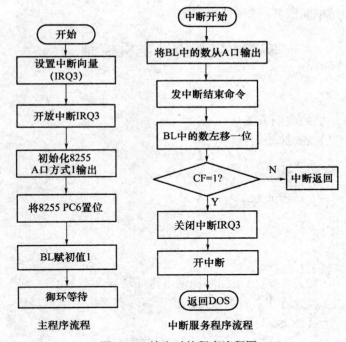

主程序流程　　　　中断服务程序流程

图 6-16　输出时的程序流程图

## 五、预习要求

(1) 仔细阅读本实验教程及相关教材。

(2) 预习编程提示及相关知识点中的内容。

(3) 复习 8255 方式 1 的工作特点及编程方法。

(4) 按照题目要求在实验前编写好相应的源程序。

## 六、实验步骤及调试

(1) 使用 HQFC 集成开发环境编写源程序。

(2) 对输入的源程序检查无误后，经汇编、链接生成可执行文件。

(3) 按实验要求正确连接好线路。

(4) 当作为输出的程序运行时，观察发光二极管的依次变化情况。

(5) 当作为输入的程序运行时，观察读取的逻辑电平开关预置的 ASCII 码值在屏幕上的显示情况。

## 七、实验报告要求

(1) 画出程序流程图，整理出运行正确程序清单，并加适当注释。

(2) 画出实验原理接线图。

(3) 写出观察到的程序运行结果。

(4) 小结 8255 方式 1 的工作特点，特别是输入和输出时的联络(握手)信号线的功能及相互之间的关系。

(5) 进一步小结中断服务程序的编程方法。

# 实验 6.7　步进电机控制

## 一、实验目的

(1) 掌握步进电机的控制方法。

(2) 进一步学习 8255 的使用。

## 二、实验仪器与设备

(1) TPC-ZK 微机接口实验系统 1 台。

(2) 微型计算机 1 台。

## 三、实验内容

编写程序，利用 8255 的输出来控制步进电机的运转，当 K0～K6 中某一开关为"1"(向上拨)时，步进电机起动，K7 向上拨则电机正转，向下拨则电机反转，若有按键按下，则停止程序运行，返回 DOS。

## 四、设计思路

### 1. 相关知识

步进电机在工业控制、计算机及外部设备中有广泛的应用，如在软驱和硬盘的磁头电路、光盘驱动器、扫描仪、打印机中都会应用到步进电机。

步进电机的基本原理是通过对每相线圈中的电流的顺序切换(实验中的步进电机有四相线圈，每次有二相线圈有电流，有电流的相顺序变化，如表 6-6 所列)来使电机作步进式旋转。驱动电路由脉冲信号来控制，所以调节脉冲信号的频率便可以改变步进电机的转速。

本实验使用的步进电机用直流+5V 电压，每相电流为 0.16A，如图 6-17 所示。

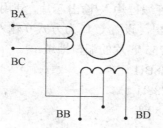

图 6-17　步进电机的线圈

电机线圈由四相组成，即 Φ1(BA)、Φ2(BB)、Φ3(BC)、Φ4(BD)。

驱动方式为二相激磁方式，每个线圈通电顺序如表 6-6 所列。

表 6-6　步进电机激磁方式

| 顺序 \ 相 | Φ1 | Φ2 | Φ3 | Φ4 |
|---|---|---|---|---|
| 0 | 1 | 1 | 0 | 0 |
| 1 | 0 | 1 | 1 | 0 |
| 2 | 0 | 0 | 1 | 1 |
| 3 | 1 | 0 | 0 | 1 |

反时针方向旋转

↕

顺时针方向旋转

表 6-6 中，首先使 Φ1 线圈和 Φ2 线圈有驱动电流，接着使 Φ2 和 Φ3，Φ3 和 Φ4 又返回到 Φ1 和 Φ2 有驱动电流，按照这种顺序切换，电机轴按顺时针方向旋转；若按 Φ1 和 Φ4，Φ4 和 Φ3……这样的顺序向线圈供电，则电机轴按照逆时针方向旋转。

实验可通过不同长度的延时(由 K0～K6 不同开关的闭合来控制)来得到不同频率的步进电机输入脉冲，从而得到多种步进速度。

## 2．实验电路说明

按图 6-18 连接线路，利用 8255 输出(PA0～PA3)的脉冲序列，以及开关 K0～K6(通过 PC0～PC6 输入)控制步进电机的转速，K7(通过 PC7)控制步进电机的转向。

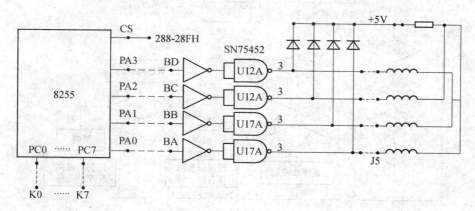

图 6-18　步进电机控制电路

123

### 3．编程提示

(1) 8255 是一个多用途的可编程输入/输出芯片，使用时，首先要按需求进行初始化，本实验可设置 A 口为方式 0 输出，设置 C 口为方式 0 输入。

(2) 在 TPC-ZK 平台下，8255 芯片的端口地址：

控制寄存器地址   28BH

A 口的地址    288H

B 口的地址    289H

C 口的地址    28AH

(3) K0~K6 对应的延时参数分别为 10H、18H、20H、40H、80H、0C0H、0FFH。

(4) 激励数据初始化为 33H(00110011B)，根据 K7 的设定每次左移或右移一位，然后将低 4 位输出到 8255 的 PA3~PA0(分别对应 Φ4~Φ1)；与激励数据中的 0 对应的两个绕组将通电，由此驱动步进电机旋转。

(5) 在输出脉冲的过程中，程序监控键盘有无按键按下，如没有按键按下，则根据目前的拨动开关状态控制步进电机的运行，其中，K0~K6 确定运行时间，K7 确定电机运转的方向。若有按键按下，则返回 DOS，停止程序运行。

(6) 程序流程如图 6-19 所示。

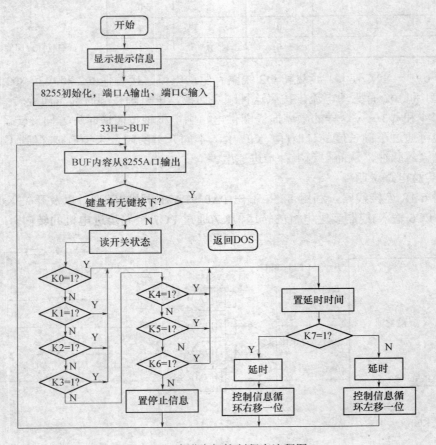

图 6-19 步进电机控制程序流程图

## 五、预习要求

(1) 仔细阅读本实验教程及相关教材。
(2) 预习编程提示及相关知识点中的内容。
(3) 了解步进电机的工作原理以及实验电路和实验要求。
(4) 在实验前根据流程图编好源程序。

## 六、实验步骤及调试

(1) 使用 HQFC 集成开发环境编写源程序。
(2) 对输入的源程序检查无误后，经汇编、链接生成可执行文件。
(3) 运行程序，拨动开关 K0～K7，观察步进电机的运行情况。

## 七、实验报告要求

(1) 画出程序流程图，整理出运行正确程序清单，并加适当注释。
(2) 画出实验原理接线图。
(3) 写出观察到的程序运行结果。
(4) 小结步进电机的编程方法以及如何改变步进电机的转速与转向。
(5) 考虑若有六相步进电机，采用四相激磁法，电路应该如何连接，如何编程。

# 实验 6.8　小直流电机转速控制

## 一、实验目的

(1) 进一步了解 DAC0832 的性能以及编程方法。
(2) 了解直流电机控制的基本方法。

## 二、实验仪器与设备

(1) TPC-ZK 微机接口实验系统 1 台。
(2) 微型计算机 1 台。

## 三、实验内容

编写程序，利用 DAC0832 输出一串脉冲，经放大后驱动小直流电机，利用开关 K0～K5 控制改变输出脉冲的电平及持续时间，达到使用加速或减速的目的。

## 四、设计思路

### 1. 相关知识

小直流电机转动原理：转动方向是由电压的正负来控制的。电压为正则正转，电压为负则反转。小直流电机的转速是由 $U_b$ 输出脉冲的占空比来决定的，正向占空比越大则转速越快，反向转则占空比越小转速越快，如图 6-20 所示。

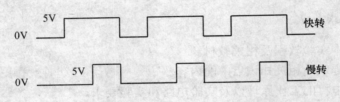

图 6-20　控制电机转速的脉冲

## 2．实验电路说明

按照图 6-21 线路接线，DAC0832 的 CS 接 Y2(290H～297H)，$U_b$ 接直流电机输入插孔，8255 CS 接 Y1(288H～28FH)。

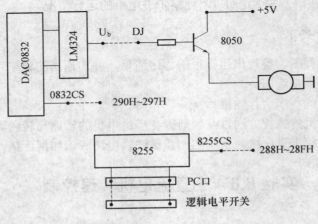

图 6-21　直流电机控制电路图

## 3．编程提示

(1) 用 8255 判断输入开关的状态，来控制直流电机的运转情况，本实验电路中，模拟量输出 $U_b$ 为双极性，当输入数字量小于 80H 时则输出为负，输入等于 80H 时则输出为 0V，输入大于 80H 时则输出为正。因而在本实验中，DAC0832 输入数字量只有 2 个 (80H 和 FFH)，通过不同的延迟时间达到改变小电机转速的目的。

(2) 在 TPC-ZK 平台下：

| | |
|---|---|
| 8255 控制寄存器地址 | 28BH |
| 8255　C 口的地址 | 28AH |
| DAC0832 芯片的端口地址 | 290H |

(3) 程序流程如图 6-22 所示。

## 五、预习要求

(1) 仔细阅读本实验教程及相关教材。

(2) 预习编程提示及相关知识点中的内容。

(3) 了解控制小直流电机转速的原理。

(4) 在实验前根据流程图编好源程序。

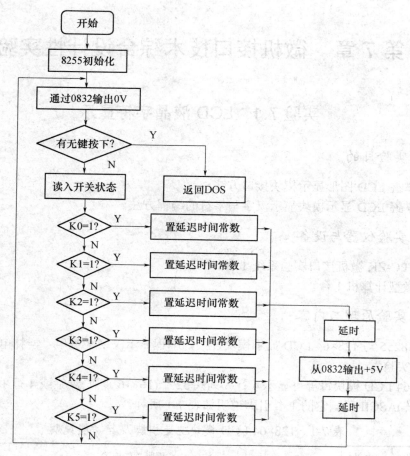

图 6-22　控制直流电机转速的程序流程图

## 六、实验步骤及调试

(1) 使用 HQFC 集成开发环境编写源程序。

(2) 对输入的源程序检查无误后，经汇编、链接生成可执行文件。

(3) 运行程序，通过拨动开关 K0～K5 改变延时时间常数，观察直流电机的运行情况。

## 七、实验报告要求

(1) 画出程序流程图，整理出运行正确程序清单，并加适当注释。

(2) 画出实验原理接线图。

(3) 写出观察到的程序运行结果。

(4) 小结控制直流电机转速的方法。

(5) 若要使电机从停止状态平稳上升直至最高速，或者由最高速逐步下降直至停止，应该如何编程？

# 第 7 章　微机接口技术综合设计性实验

## 实验 7.1　LCD 液晶字符显示

### 一、实验目的

(1) 掌握 LCD 图形显示模块接口方法。

(2) 掌握 LCD 显示模块显示汉字与字符的编程方法。

### 二、实验仪器与设备

(1) TPC-ZK 微机接口实验系统 1 台。

(2) 微型计算机 1 台。

### 三、实验原理与内容

使用 8255 与 128×64 LCD 显示模块连接，编程显示汉字字符串"桂林电子科技大学微机原理实验"。

128×64 LCD 模块每屏可显示 4 行 8 列共 32 个(16×16 点阵)汉字或 4 行 16 列共 64 个(8×16 点阵)ASCII 码。它的主要引脚说明如表 7-1 所列。

表 7-1　128×64 LCD 模块主要引脚及其功能说明

| 引脚名称 | 电平 | 引脚功能描述 |
|---|---|---|
| RS(D/I) | H/L | RS="H"，表示 DB7~DB0 为显示数据 |
| | | RS="L"，表示 DB7~DB0 为显示指令数据 |
| R/W(SID) | H/L | R/W="H"，E="H"，数据被读到 DB7~DB0 |
| | | R/W="L",E="H→L"，DB7~DB0 的数据被写到指令暂存器(IR)或数据暂存器(DR) |
| E(SCLK) | H/L | 使能信号/串行的同步时钟 |
| D0~D7 | H/L | 8 位数据线 |

往 128×64 液晶显示模块写数据或指令的流程如图 7-1 所示。

写指令与写数据的差别是：写数据的时候 RS(D/I)=1，写指令的时候 RS(D/I)=0。

在往模块写指令前，必须先确认模块内部处于非忙状态，若在送出一个指令前不检查非忙标志，则在前一个指令和这个指令中间必须延迟一段较长的时间，此处使用一个长度为 0FFFFH 的计数延时来等待模块执行完上一条命令。

128×64 模块显示的内容是由每个显示 RAM 决定的，每个显示 RAM 可显示 1 个中文字符或 2 个 ASCII 码字符。字符显示的 RAM 在液晶模块中的地址范围是 80H~9FH，这些地址与 32 个汉字显示区域有着一一对应的关系，其对应关系如表 7-2 所列。

表 7-2　显示 RAM 地址表

| 80H | 81H | 82H | 83H | 84H | 85H | 86H | 87H |
|-----|-----|-----|-----|-----|-----|-----|-----|
| 90H | 91H | 92H | 93H | 94H | 95H | 96H | 97H |
| 88H | 89H | 8AH | 8BH | 8CH | 8DH | 8EH | 8FH |
| 98H | 99H | 9AH | 9BH | 9CH | 9DH | 9EH | 9FH |

要在 128×64 模块上面显示一个中文汉字，需要先往模块写显示这个汉字的 RAM 地址，然后再分别写入这个汉字的对应编码的高 8 位和低 8 位。写一个汉字的流程如图 7-2 所示。

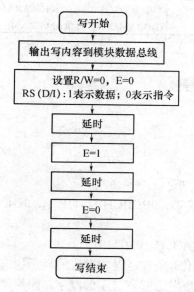

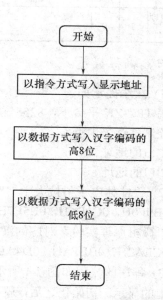

图 7-1　往 128×64 液晶模块写内容流程 　　　　图 7-2　显示一个汉字流程

128×64 模块重要的指令说明如表 7-3 所列。

表 7-3　128×64 模块重要指令说明

| 指令 | 指令码 | | | | | | | | | | 功能 |
|------|-----|-----|----|----|----|----|----|----|----|----|------|
|  | RS (D/I) | R/W | D7 | D6 | D5 | D4 | D3 | D2 | D1 | D0 |  |
| 清除显示 (01H) | 0 | 0 | 0 | 0 | 0 | 0 | 0 | 0 | 0 | 1 | 将 DDRAM 填满"20H"(空格)，并且设定 DDRAM 的地址计数器(AC)到"00H" |
| 地址归位 | 0 | 0 | 0 | 0 | 0 | 0 | 0 | 0 | 1 | X | 设定 DDRAM 的地址计数器(AC)到"00H"，并且将游标移到开头原点位置；这个指令不改变 DDRAM 的内容 |
| 显示状态开/关 | 0 | 0 | 0 | 0 | 0 | 0 | 1 | D | C | B | D=1：整体显示 ON<br>C=1：游标 ON<br>B=1：游标位置 ON |

129

| 指令 | 指令码 | | | | | | | | | | 功　能 |
|------|--------|--|--|--|--|--|--|--|--|--|--------|
| | RS (D/I) | R/W | D7 | D6 | D5 | D4 | D3 | D2 | D1 | D0 | |
| 设定 DDRAM 地址 | 0 | 0 | 1 | 0 | AC5 | AC4 | AC3 | AC2 | AC1 | AC0 | 设定 DDRAM 地址(显示位址)<br>第一行：80H～87H，第二行：90H～97H<br>第三行：88H～8FH，第四行：98H～9FH |
| 读取忙标志和地址 | 0 | 1 | BF | AC6 | AC5 | AC4 | AC3 | AC2 | AC1 | AC0 | 读取忙标志(BF：0 空闲，1 忙)可以确认内部动作是否完成，同时可以读出地址计数器(AC)的值 |
| 写数据到 RAM | 1 | 0 | 数据 | | | | | | | | 将数据 D7～D0 写入到内部的 RAM (DDRAM/CGRAM/IRAM/GRAM) |

## 四、编程提示

(1) 接线提示如图 7-3 所示，虚线部分需要用导线连接。

在 TPC-ZK 平台下，8255 芯片的端口地址：

控制寄存器地址　　　　　　28BH

A 口的地址　　　　　　　　288H

C 口的地址　　　　　　　　28AH

(2) "桂林电子科技大学"对应的汉字编码分别是：

0B9F0H，0C1D6H，0B5E7H，0D7D3H，0BFC6H，0BCBCH，0B4F3H，0D1A7H

"微机原理实验"对应的汉字编码分别是：

0CEA2H，0BBFAH，0D4ADH，0C0EDH，0CAB5H，0D1E9H

(3) 程序的流程如图 7-4 所示。128×64 的初始化，主要是设置模块的显示状态和清除模块上的显示。初始化之后，就可以往 128×64 模块发送需要显示的汉字。因为需要重复执行写数据、写指令与延时，建议把这几个功能模块写成子程序的方式。

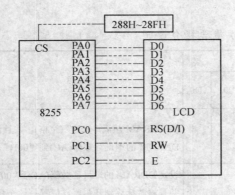

图 7-3　LCD 接线图

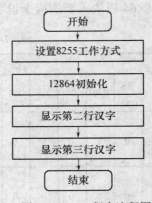

图 7-4　LCD 程序流程图

## 五、预习要求

(1) 仔细阅读本实验教程及相关教材。

(2) 预习 128×64 模块的指令格式和写指令、写数据的时序流程。

(3) 复习 8255 并行接口的工作原理和初始化方法。

(4) 按照题目要求在实验前编写好相应的程序。

## 六、实验步骤

(1) 用 HQFC 集成开发环境编写源程序。

(2) 对输入的源程序检查无误后，经汇编、链接生成可执行文件。

(3) 按实验要求连接好线路。

(4) 运行可执行文件，观察 128×64 液晶模块的显示结果。

## 七、实验报告要求

(1) 画出程序流程图，整理出运行正确程序清单，并加适当注释。

(2) 写出 128×64 液晶显示模块初始化与显示汉字的方法。

(3) 总结实验过程中遇到的问题及解决方法。

# 实验 7.2  多路数据采集系统设计

## 一、实验目的

(1) 了解多路数据采集系统设计的基本原理。

(2) 掌握 ADC0809、8255 并行接口、小键盘，七段数码管的综合应用。

## 二、实验设备

(1) TPC-ZK 微机接口实验系统 1 台。

(2) 微型计算机 1 台。

## 三、实验原理与内容

(1) 实验电路接线参考图如图 7-5 所示。利用实验台上 ADC0809 芯片、8255 并行接口芯片、七段数码管、拨码开关及小键盘，实现多路数据采集系统设计。

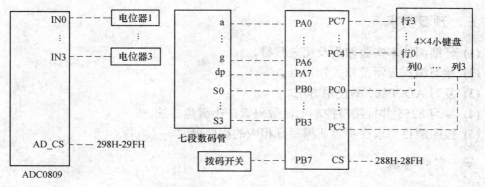

图 7-5  多路数据采集系统接线参考图

131

(2) 实现要求如下：

① 实现多路数据采集，显示；

② 结合 8255 并行接口芯片、小键盘实现通道切换；

③ 利用开关 K 控制数据采集系统的启/停。

## 四、编程提示

### 1．相关知识

相关知识可参考实验 5.7、实验 5.9、实验 6.3。

### 2．编程调试思路

分模块调试，先实现功能的核心部分，再一步步扩充完善。

(1) 完成单通道数据采集，包括启动 A/D、延时等待、读取数据、显示数据等。

(2) 显示采集数据的同时，如何显示通道号？

(3) 加入开关 K，实现数据采集的启/停。

(4) 加入按键，不同按键按下，采集不同通道，并把采集数据及通道号同时显示在七段数码管上。

(5) 模块整体功能联合调试，协调各部分，完善系统功能。

### 3．程序中使用端口地址

8255 芯片在 TPC-ZK 平台下的端口地址：

| | |
|---|---|
| 控制寄存器地址 | 28BH |
| A 口地址 | 288H |
| B 口地址 | 289H |
| C 口地址 | 28AH |

ADC0809 在 TPC-ZK 平台下端口地址：

| | |
|---|---|
| 通道 IN0 地址 | 298H |
| 通道 IN1 地址 | 299H |
| 通道 IN2 地址 | 29AH |
| 通道 IN3 地址 | 29BH |

### 4．参考流程图

参考流程如图 7-6 所示。

## 五、预习要求

(1) 仔细阅读本实验教程及相关教材。

(2) 预习编程提示及相关知识点。

(3) 复习 ADC0809 的使用方法。

(4) 复习 8255 并行接口控制七段数码管，小键盘方法。

(5) 按照题目要求在实验前编写好相应的程序段。

## 六、实验步骤

(1) 使用 HQFC 集成开发环境编写源程序。

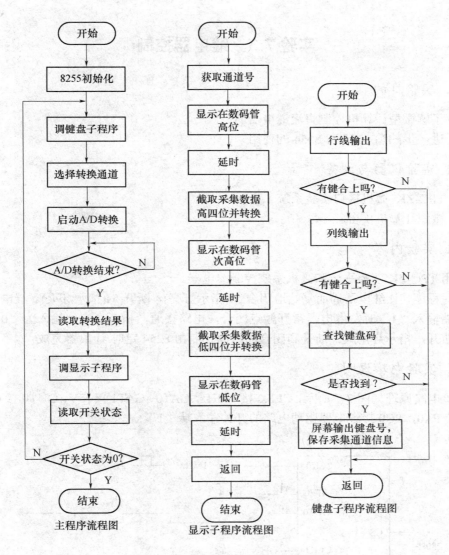

图 7-6　多路数据采集系统参考流程图

（2）对输入的源程序检查无误后，经汇编、链接生成可执行文件。

（3）按实验要求连接好线路。

（4）程序运行时，旋动电位器改变其电压值，观察七段数码管上显示的被采集数据的变化；结合小键盘，选择被采集的通道，观察七段数码管上显示的被采集通道号是否正确；通过拨动拨码开关，观察数据采集启/停情况。

## 七、实验报告要求

（1）详细描述方案设计过程。

（2）整理出运行正确程序清单，并加适当注释。

（3）总结实验过程中遇到的问题及解决方法。

# 实验 7.3　继电器控制

## 一、实验目的

(1) 了解微型计算机控制直流继电器的一般方法。
(2) 进一步熟悉 8255 和 8254 的使用。

## 二、实验仪器与设备

(1) TPC-ZK 微机接口实验系统 1 台。
(2) 微型计算机 1 台。

## 三、实验内容

利用 TPC-ZK 实验平台和微机系统控制继电器。

编写程序，让继电器周而复始地闭合 5s(指示灯亮)，断开 5s(指示灯灭)。继电器开关量输入端输入"1"时，继电器常开触点闭合，电路接通，指示灯亮；输入为"0"时，继电器断开，指示灯熄灭；断开和闭合的时间控制由 8254 定时/计数器完成。

## 四、实验电路说明

实验电路原理如图 7-7 所示，CLK0 接 1MHz，GAT0、GAT1 接+5V，OUT0 接 CLK1，OUT1 接 PA0，PC0 接继电器驱动电路的开关输入端"1"。

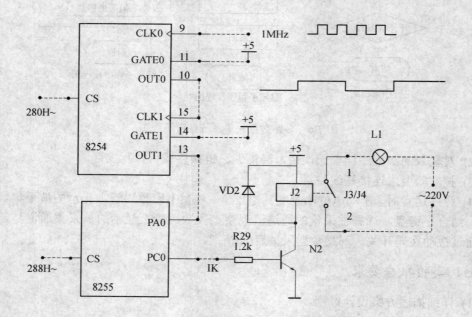

图 7-7　继电器控制电路

## 五、编程提示

(1) 将 8254 计数器 0 设置为方式 3、计数器 1 设置为方式 0 串联使用，CLK0 接 1MHz 时钟，设置两个计数器的初值(乘积为 5000000)为 5s，启动计数器工作后，经过 5sOUT1 输出高电平。8255 端口 A 的 PA0 查询 OUT1 的输出，当其为高电平时，用端口 C 的 PC0 输出开关量控制继电器动作。

(2) 用可编程并行接口 8255 端口 C 的 PC0 控制继电器线圈，用端口 A 的 PA0 查询 8254 的 OUT1 的输出。

(3) 程序中所用端口地址：

① 8255 芯片在 TPC-ZK 平台下的端口地址：

| | |
|---|---|
| 控制寄存器地址 | 28BH |
| A 口的地址 | 288H |
| B 口的地址 | 289H |
| C 口的地址 | 28AH |

② 8254 芯片在 TPC-ZK 平台下的端口地址：

| | |
|---|---|
| 控制寄存器地址 | 283H |
| 计数器 0 | 280H |
| 计数器 1 | 281H |

(4) 程序流程图。程序分为主程序和延时子程序两部分，其流程分别如图 7-8 和图 7-9 所示。

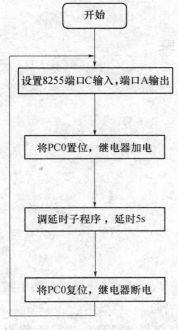

图 7-8　主程序流程图

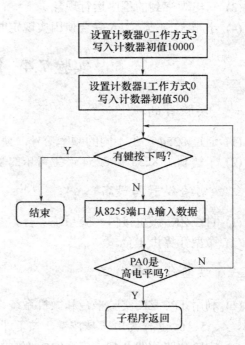

图 7-9　子程序流程图

## 六、预习要求

(1) 仔细阅读本实验教程及相关教材。

(2) 预习编程提示及相关知识点中的内容。

(3) 了解实验台上继电器的使用方法。

(4) 复习 8254 采用级联方式作为定时器使用的方法。

(5) 了解 8254 与 8255 联合使用实现定时控制的方法。

(6) 按照题目要求在实验前编写好相关的源程序。

## 七、实验步骤及调试

(1) 使用 HQFC 集成开发环境编写源程序。

(2) 对输入的源程序检查无误后，经汇编、链接生成可执行文件。

(3) 利用实验台上的芯片 8255、8254、继电器正确连接线路。

(4) 程序运行后，观察继电器开、闭和指示灯的亮、灭情况。

(5) 改变程序中的定时器的定时时间，观察继电器变化情况。

## 八、实验报告要求

(1) 画出程序流程图，整理出运行正确程序清单，并加适当注释。

(2) 画出实验原理接线图。

(3) 写出观察到的程序运行现象。

(4) 小结 8254 与 8255 联合使用实现定时控制的方法。

# 实验 7.4　简易电子琴

## 一、实验目的

(1) 通过 8254 产生不同的频率信号，使微机成为简易电子琴。

(2) 了解利用 8255 和 8254 产生音乐的基本方法。

## 二、实验仪器与设备

(1) TPC-ZK 微机接口实验系统 1 台。

(2) 微型计算机 1 台。

## 三、实验原理和内容

(1) 利用 TPC-ZK 实验平台和微机系统设计简易电子琴。编程使计算机的数字键 1、2、3、4、5、6、7 作为电子琴按键，按下即发出相应的音阶。

(2) 实验电路如图 7-10 所示，8254 的 CLK0 接 1MHz 时钟，GATE0 接 8255 的 PC1，OUT0 和 8255 的 PC0 接到与门的两个输入端，与门输出 Y 连接扬声器。

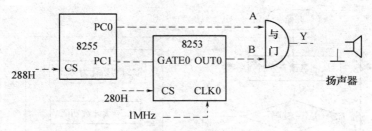

图 7-10  电子琴接线电路

## 四、编程提示

(1) 利用 8255 的 PC0 口来施加控制信号给与门，用来控制扬声器的开关状态。再利用设置不同的计数值，使 8254 产生不同频率的波形，使扬声器产生不同频率的音调，达到类似于音阶的高低音变换。对于音乐，每个音阶都有确定的频率。各音阶标称频率值如表 7-4 所列。

表 7-4  各音阶标称频率

| 音 阶 | 1 | 2 | 3 | 4 | 5 | 6 | 7 | ! |
|---|---|---|---|---|---|---|---|---|
| 低频率/Hz | 262 | 294 | 330 | 347 | 392 | 440 | 494 | 524 |
| 高频率/Hz | 524 | 588 | 660 | 698 | 784 | 880 | 988 | 1048 |

(2) 程序中使用的端口地址：

8255 芯片在 TPC-ZK 平台下的端口地址：

控制寄存器地址　　　28BH

C 口的地址　　　　　28AH

8254 芯片在 TPC-ZK 平台下的端口地址：

控制寄存器地址　　　283H

计数器 0　　　　　　280H

(3) 参考流程图。参考流程如图 7-11 所示。

## 五、预习要求

(1) 仔细阅读本实验教程及相关教材。

(2) 预习编程提示及相关知识点中的内容。

(3) 复习定时器/计数器 8254 以及并行接口 8255 的使用。

(4) 按照题目要求在实验前编写好相应的源程序。

## 六、实验步骤及调试

(1) 使用 HQFC 集成开发环境编写源程序。

(2) 对输入的源程序检查无误后，经汇编、链接生成可执行文件。

(3) 利用实验台上的芯片 8255、8254 和扬声器，正确连接线路。

(4) 程序运行后，按下计算机的数字键 1、2、3，…，观察扬声器是否按设计要求发音。

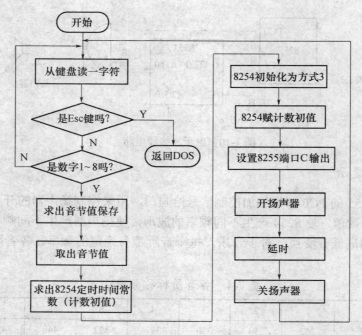

图 7-11　电子琴参考流程图

(5) 如果没有声音，先检查硬件线路是否接好，然后查程序，用 DEBUG 对程序进行调试。

### 七、实验报告要求

(1) 画出程序流程图，整理出运行正确程序清单，并加适当注释。
(2) 画出实验原理接线图。
(3) 写出数字键 1，2，3，…对应的发音频率。
(4) 总结实验过程中遇到的问题及解决方法，写出调试过程及心得体会。

## 实验 7.5　双色点阵显示

### 一、实验目的

(1) 了解双色 LED 点阵显示器的基本原理。
(2) 掌握微机控制双色 LED 点阵显示程序的设计方法。

### 二、实验仪器与设备

(1) TPC-ZK 微机接口实验系统 1 台。
(2) 微型计算机 1 台。

### 三、实验内容

编写程序使双色点阵显示"年"字，交替使用红色与绿色显示，按任意键退出。

## 四、实验电路说明

实验仪上设有一个共阳极 8×8 点阵的红绿两色 LED 显示器,其点阵电路如图 7-12 所示。该点阵对外引出 24 条线,其中 8 条行线,8 条红色列线,8 条绿色列线。

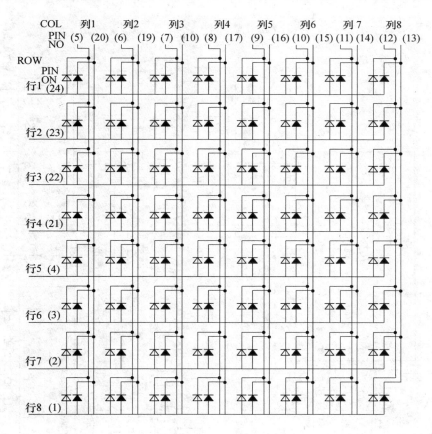

图 7-12　LED 点阵电路

实验仪上的双色LED点阵驱动电路如图 7-13 所示,点阵显示模块工作于总线模式时,行代码、红色列代码、绿色列代码各用一片 74LS273 锁存。行代码输出的数据通过行驱动器 7407 加至点阵的 8 条行线上,红和绿列代码的输出数据通过驱动器 ULN2803 反相后分别加至红和黄的列线上。若使某一种颜色、某一个 LED 发光,只要将与其相连的行线加高电平,列线加高电平即可。

行锁存器片选信号为"行选",红色列锁存器片选信号为"红选",绿色列锁存器片选信号为"绿选"。

## 五、编程提示

(1) 接线:总线模式 D7～D0 /总线　　接　　　 D7～D0 /双色点阵

Y0 /IO 地址　　　接　　　行选 /双色点阵

Y1 /IO 地址　　　接　　　红选 /双色点阵

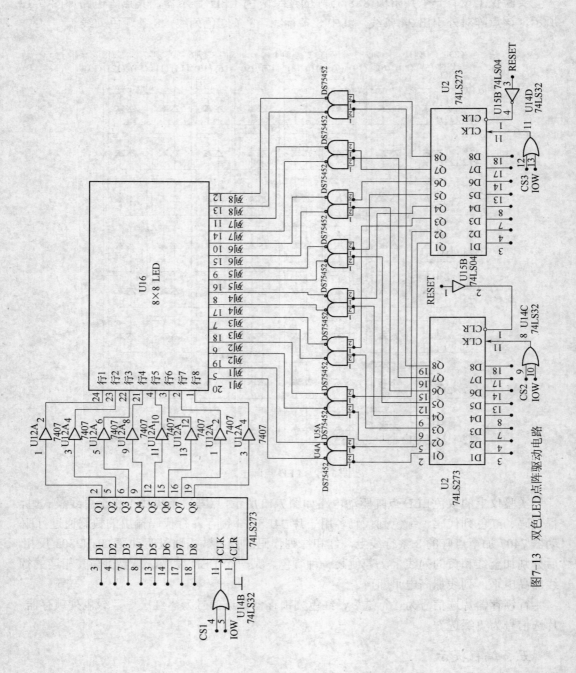

图7-13 双色LED点阵驱动电路

　　　　　　　　　　IOW /总线　　　接　　　WR /双色点阵

双色点阵工作于"总线"模式(JCS4 跳线短接总线边)。

　　(2) 显示汉字"年",采用逐列循环发光。首先由"年"的点阵轮廓确定点阵代码(表 7-5)。根据"年"的点阵代码,确定逐列循环发光的顺序如下:

① 行代码输出 44H; 红色列代码输出 01H;第一列 2 个红色 LED 发光。

② 行代码输出 54H; 红色列代码输出 02H;第二列 3 个红色 LED 发光。

③ 行代码输出 54H; 红色列代码输出 04H;第三列 3 个红色 LED 发光。

④ 行代码输出 7FH; 红色列代码输出 08H;第四列 7 个红色 LED 发光。

⑤ 行代码输出 54H; 红色列代码输出 10H;第五列 3 个红色 LED 发光。

⑥ 行代码输出 DCH; 红色列代码输出 20H;第六列 5 个红色 LED 发光。

⑦ 行代码输出 44H; 红色列代码输出 40H;第七列 2 个红色 LED 发光。

⑧ 行代码输出 24H; 红色列代码输出 80H;第八列 2 个红色 LED 发光。

在步骤①~⑧之间可插入几毫秒的延时,重复进行①~⑧即可在 LED 上稳定地显示出红色的"年"字。若想显示绿色的"年"字,只需把红色列码改为绿色列码即可。

表 7-5　"年"字点阵显示表

| | 8 | 7 | 6 | 5 | 4 | 3 | 2 | 1 |
|---|---|---|---|---|---|---|---|---|
| D7 | | | ● | | | | | |
| D6 | | ● | ● | ● | ● | ● | | ● |
| D5 | ● | | | | ● | | | |
| D4 | | | | | ● | ● | ● | |
| D3 | | | ● | | ● | | | |
| D2 | ● | ● | ● | ● | ● | ● | ● | ● |
| D1 | | | | | ● | | | |
| D0 | | | | | ● | | | |
| | D7 | D6 | D5 | D4 | D3 | D2 | D1 | D0 |

例:行代码输出 44H,红色列代码输出 01H,代码如下:

```
MOV     DX,280H
MOV     AL,44H
OUT     DX,AL              ;行代码输出 44H
MOV     DX,288H
MOV     AL,01H
OUT     DX,AL              ;红色列代码输出 01H
```

若要绿灯列代码输出,则只需把红色列的片选地址 288H 换为绿色列的片选地址 290H。

(3) 程序流程如图 7-14、图 7-15 所示。

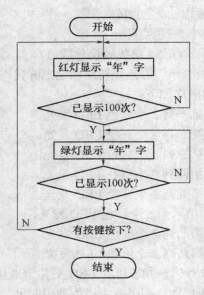

图 7-14　主程序流程图

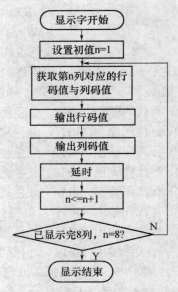

图 7-15　显示一个汉字流程图

## 六、预习要求

(1) 仔细阅读本实验教程及相应教材。

(2) 预习编程提示及相关知识点中的内容。

(3) 了解实验台上双色 LED 点阵的显示原理。

(4) 复习 I/O 地址译码线的工作原理。

(5) 按照题目要求在实验前编写好相应的源程序。

## 七、实验步骤及调试

(1) 用 HQFC 集成开发环境编写源程序。

(2) 对输入的源程序检查无误后，经汇编、链接生成可执行文件。

(3) 按实验要求正确连接好线路。

(4) 运行程序，观察双色点阵的显示。

## 八、实验报告要求

(1) 画出程序流程图，整理出运行正确程序清单，并加适当注释。

(2) 画出实验原理接线图。

(3) 写出观察到的程序运行现象。

(4) 总结双色 LED 点阵的显示方法。

# 附录 A　ASCII 码(美国标准信息交换码)表

| 行 \ 列 | 位 654→↓3210 | 0<br>000 | 1<br>001 | 2<br>010 | 3<br>011 | 4<br>100 | 5<br>101 | 6<br>110 | 7<br>111 |
|---|---|---|---|---|---|---|---|---|---|
| 0 | 0000 | NUL | DLE | SP | 0 | @ | P | ' | p |
| 1 | 0001 | SOH | DC1 | ! | 1 | A | Q | a | q |
| 2 | 0010 | STX | DC2 | " | 2 | B | R | b | r |
| 3 | 0011 | ETX | DC3 | # | 3 | C | S | c | s |
| 4 | 0100 | EOT | DC4 | $ | 4 | D | T | d | t |
| 5 | 0101 | ENQ | NAK | % | 5 | E | U | e | u |
| 6 | 0110 | ACK | SYN | & | 6 | F | V | f | v |
| 7 | 0111 | BEL | ETB | ' | 7 | G | W | g | w |
| 8 | 1000 | BS | CAN | ( | 8 | H | X | h | x |
| 9 | 1001 | HT | EM | ) | 9 | I | Y | i | y |
| A | 1010 | LF | SUB | * | : | J | Z | j | z |
| B | 1011 | VT | ESC | + | ; | K | [ | k | { |
| C | 1100 | FF | FS | , | < | L | \ | l | | |
| D | 1101 | CR | GS | - | = | M | ] | m | } |
| E | 1110 | SO | RS | . | > | N | Ω | n | ~ |
| F | 1111 | SI | US | / | ? | O | _ | o | DEL |

| | | | | | |
|---|---|---|---|---|---|
| NUL | 空 | LF | 换行 | SP | 空间 (空格) |
| SOH | 标题开始 | SYN | 空转同步 | DLE | 数据链换码 |
| STX | 正文开始 | ETB | 信息组传送结束 | DC1 | 设备控制 1 |
| ETX | 文本结束 | CAN | 作废 | DC2 | 设备控制 2 |
| EOT | 传输结果 | EM | 纸尽 | DC3 | 设备控制 3 |
| ENQ | 询问 | SUB | 取代 | DC4 | 设备控制 4 |
| ACK | 承认 | ESC | 换码 | NAK | 否定 |
| BEL | 报警符 (可听见的信号) | VT | 垂直制表 | FS | 文件分隔符 |
| | | FF | 纸控制 | GS | 组分隔符 |
| BS | 退一格 | CR | 回车 | RS | 记录分隔符 |
| HT | 横向列表 (穿孔卡片指令) | SO | 移位输出 | US | 单元分隔符 |
| | | SI | 移位输入 | DEL | 删除 |

# 附录 B 系统中断调用

## 表 B1 键盘 I/O 的中断调用

| 调用格式 | 功能号 | 输入参数 | 功能及输出参数 |
|---|---|---|---|
| INT 16H | AH=0 | 无 | 读键盘，AL=字符的 ASCII 码<br>AH=字符的扫描码 |
| | AH=1 | 无 | 检测键盘，ZF=1 无码可读<br>ZF=0，有输入于 AX 中 |
| | AH=2 | 无 | 返回键盘当前换挡状态 |

## 表 B2 DOS 系统功能调用

| 中断调用 | 功能号 | 完成功能 | 调用参数 | 返回参数 |
|---|---|---|---|---|
| INT 20H | 无 | 程序终止 | 无 | 返回 DOS 状态 |
| INT 21H | AH=0 | 程序终止 | CS=程序段前缀 | 同 INT20H |
| | AH=1 | 键盘输入并回显 | | AL=输入字符 |
| | AH=2 | 输入显示 | DL=输出字符 | |
| | AH=3 | 异步通信输入 | | AL=输入数据 |
| | AH=4 | 异步通信输出 | DL=输出数据 | |
| | AH=5 | 打印机输出 | DL=输出字符 | |
| | AH=6 | 直接控制台 I/O | DL=FFH(输入)<br>DL=输入字符 | DL=字符(输出) |
| | AH=7 | 键盘输入无回显 | | AL=输入字符 |
| | AH=8 | 键盘输入无回显<br>检测 Ctrl-Break | | AL=输入字符 |
| | AH=9 | 显示字符串 | DS：DX=串地址<br>'$'结束字符串 | |
| | AH=0A | 键盘输入到缓冲区 | DS：DX=缓冲区首地址，<br>(DS：DX)=缓冲区最大字符数 | (DS：DX+1)=实际输入的<br>字符数 |
| | AH=0B | 检验键盘状态 | | AL=00，有输入<br>AL=FF，无输入 |
| | AH=0C | 清除输入缓冲区<br>并指定输入功能 | AL=输入功能号<br>(1，6，7，8，A) | |
| | AH=0D | 磁盘复位 | | 清除文件缓冲区 |
| | AH=25 | 设置中断向量 | DS：DX=中断向量<br>AL=中断类型号 | |

| 中断调用 | 功能号 | 完成功能 | 调用参数 | 返回参数 |
|---|---|---|---|---|
| INT 21H | AH=2A | 取日期 | | CX=年，DH：DL=月：日 |
| | AH=2B | 设置日期 | CX=年<br>DH：DL=月：日 | AL=00，成功<br>AL=FF，无效 |
| | AH=2C | 取时间 | | CH：CL=时：分<br>DH：DL=秒：1/100 秒 |
| | AH=2D | 设置时间 | CH：CL=时：分<br>DH=DL=秒：1/100 秒 | AL=00 成功<br>AL=FF 无效 |
| | AH=30 | 取 DOS 版本号 | | AH=发行号，AL=版号 |
| | AH=31 | 结束并驻留 | AL=返回码<br>DX=驻留区大小 | |
| | AH=35 | 取中断向量 | AL=中断类型号 | ES：BX=中断向量 |
| | AH=39 | 建立子目录<br>(MKDIR) | DS：DX<br>=ASCIIZ 串地址 | CY=1，失败<br>AX=错误码 |
| | AH=3A | 删除子目录<br>(RMDIR) | DS：DX<br>ASCIIZ 串地址 | CY=1，失败<br>AX=错误码 |
| | AH=3B | 改变当前子目录<br>(RMDIR) | DS：DX<br>=ASCIIZ 串地址 | CY=1，失败<br>AX=错误码 |
| | AH=3C | 建立文件 | DS：DX=ASCIIZ 串地址，<br>CX=文件属性 | 成功，AX=文件代号<br>CY=1，AX=错误码 |
| | AH=3D | 打开文件 | DS：DX=ASCIIZ 串地址，<br>AL=0 读<br>AL=1 写<br>AL=2 读/写 | 成功，AX=文件代号<br>CY=1，AX=错误码 |
| | AH=3E | 关闭文件 | BX=文件代号 | CY=1，AX=错误码 |
| | AH=3F | 读文件或设备 | DS：DX=数据缓冲区地址<br>CX=写入的字节数<br>BX=文件代号 | 成功，AX=实际读入字节<br>数，AX=0，已到文件尾<br>CY=1，AX=错误码 |
| | AH=40 | 写文件或设备 | DS：DX=数据缓冲区地址<br>CX=写入的字节数<br>BX=文件代号 | 成功，AX=实际读入字节<br>数<br>CY=1，AX=错误码 |
| | AH=41 | 删除文件 | DS：DX<br>=ASCIIZ 串地址 | 成功，AX=00<br>CY=1，AX=错误码 |
| | AH=42 | 移动文件指针 | BX=文件代号<br>CX=：DX=位移量<br>AL=移动方式(0，1，2) | 成功，AH=文件代号<br>DX：AX=新指针位置<br>CY=1，AX=错误码 |

| 中断调用 | 功能号 | 完成功能 | 调用参数 | 返回参数 |
|---|---|---|---|---|
| INT 21H | AH=43 | 取/置文件属性 | DS：DX<br>=ASCIIZ 串地址，CX=文件<br>属性 AL=0，取文件属性<br>AL=1，置文件属性 | 成功，CX=文件属性<br>CY=1，AX=错误码 |
| | AH=4C | 带返回码结束 | AL=返回码 | |
| | (略) | | | |
| INT22H | 终止失败 | | | |
| INT23H | Ctrl-Break 地址 | | | |
| INT24H | 重大错误程序向量 | | | |
| INT25H | 绝对磁盘读 | | | |
| INT26H | 绝对磁盘写 | | | |
| INT27H | 终止但保持常驻 | DX=驻留字节数 | | |

# 附录 C　TPC-ZK 模块接线地址表

| 模块 | CS 接线 | 端口名称 | 地址 |
|---|---|---|---|
| 8254 定时计数器 | Y0(280H～287H) | 控制寄存器 | 283H |
| | | 计数器 0 | 280H |
| | | 计数器 1 | 281H |
| | | 计数器 2 | 282H |
| 8255 并行接口 | Y1(288H～28FH) | 控制寄存器 | 28BH |
| | | A 端口 | 288H |
| | | B 端口 | 289H |
| | | C 端口 | 28AH |
| 0832 D/A 转换 | Y2(290H～297H) | 数据口 | 290H |
| 0809 A/D 转换 | Y3(298H～29FH) | 通道 0 | 298H |
| | | 通道 1 | 299H |
| | | 通道 2 | 29AH |
| | | 通道 3 | 29BH |
| | | 通道 4 | 29CH |
| | | 通道 5 | 29DH |
| | | 通道 6 | 29EH |
| | | 通道 7 | 29FH |
| 8259 中断控制器 | Y6(2B0H～2B7H) | ICW1 | 2B0H |
| | | ICW2 | 2B1H |
| | | ICW3 | 2B1H |
| | | ICW4 | 2B1H |
| | | OCW1 | 2B1H |
| | | OCW2 | 2B0H |
| | | OCW3 | 2B0H |
| 8251 串口通信 | Y7(2B8H～2BFH) | 控制寄存器 | 2B9H |
| | | 数据口 | 2B8H |

# 附录 D 实验报告编写要求

表 D1 软件实验、实验报告编写要求

微机原理与接口技术 实验报告

实验名称 **分支与循环程序设计**

_____系_____专业

**(填写课号)**班 **(填写座位号)** 实验小组

作者_____学号_____

同作者_____

实验日期_____年_____月_____日

辅导员意见：

成绩 辅导员签名

一、实验目的

二、实验设备

三、实验内容

四、程序流程图

五、程序清单(加适当注释)

六、写出实验结果

七、实验小结

148

## 表 D2　微机接口技术、实验报告编写要求

微机原理与接口技术　　实验报告

实验名称___8255 并行接口与交通灯控制___　辅导员意见：

_____系_____专业

**(填写课号)**班 **(填写座位号)** 实验小组

作者_____学号_____

同作者_____

实验日期_____年_____月_____日　　成绩　辅导员签名

一、实验目的

二、实验仪器与设备

三、实验内容

四、实验电路接线图

五、程序流程图

六、程序清单(加适当注释)

七、写出实验结果或实验现象

八、实验小结

# 参 考 文 献

[1] 沈美明，温冬婵，张赤红.IBM-PC 汇编语言程序设计实验教程. 北京：清华大学出版社，2000.

[2] TPC-ZK 微机接口实验系统教师用实验指导书. 北京：清华大学科教仪器厂，2010.

[3] 唐祎玲，毛月东.32 位微机原理与接口技术实验教程. 西安：西安电子科技大学出版社，2003.

[4] 黄冰，覃伟年，黄知超. 微机原理与应用. 重庆：重庆大学出版社，2003.

[5] 陈文革，吴宁. 微型计算机原理与接口技术题解及实验指导. 北京：清华大学出版社，2003.

[6] 黄海萍. 汇编语言与微机接口技术实验教程. 北京：国防工业出版社，2007.